Knative

最佳实践

[澳] Jacques Chester 著

赵吉壮 杨云锋 译

Knative in Action

电子工业出版社
Publishing House of Electronics Industry
北京·BEIJING

内 容 简 介

Serverless 是一种云原生开发模型，它使得开发人员可以专注于构建和运行应用，而无须管理服务器。Knative 是继云原生之后，云时代下一个十年技术的 Serverless 架构，开发者应如何拥抱这一全新的技术架构？本书将给读者带来答案。

Knative 是 Google 发起的，基于 Kubernetes 构建的 Serverless 开源项目，Google 内部的 CloudRun 就是基于 Knative 构建的 Serverless 平台。本书主要通过一个计数器示例在 Knative 中的实践展开描述，详细讲解了 Knative 的服务与事件驱动，以及在企业应用中如何利用 Knative 实现自动扩/缩容、事件驱动、灰度发布等。本书内容翔实、讲解深入浅出、语言诙谐幽默，对于想了解、学习与研究 Knative 或者 Serverless 的读者来说，是一本大有裨益的参考书。

本书适合的读者有云原生从业者、Serverless 架构师及开发人员，以及想深入了解 Serverless 的互联网从业人员。

版权贸易合同登记号　图字：01-2021-5648

图书在版编目（CIP）数据

Knative 最佳实践 /（澳）雅克·切斯特（Jacques Chester）著；赵吉壮，杨云锋译. —北京：电子工业出版社，2022.7
书名原文：Knative in Action
ISBN 978-7-121-43608-6

Ⅰ. ①K... Ⅱ. ①雅... ②赵... ③杨... Ⅲ. ①Linux 操作系统—程序设计 Ⅳ. ①TP316.85

中国版本图书馆 CIP 数据核字（2022）第 090097 号

责任编辑：安娜
印　　刷：三河市华成印务有限公司
装　　订：三河市华成印务有限公司
出版发行：电子工业出版社
　　　　　北京市海淀区万寿路 173 信箱　　　　　邮编：100036
开　　本：787×980　　1/16　　印张：17　　字数：380.8 千字
版　　次：2022 年 7 月第 1 版
印　　次：2022 年 7 月第 1 次印刷
定　　价：118.00 元

凡所购买电子工业出版社图书有缺损问题，请向购买书店调换。若书店售缺，请与本社发行部联系，联系及邮购电话：（010）88254888，88258888。
质量投诉请发邮件至 zlts@phei.com.cn，盗版侵权举报请发邮件至 dbqq@phei.com.cn。
本书咨询联系方式：（010）51260888-819，faq@phei.com.cn。

推荐序

在过去的几年里，Knative 的被接纳程度和成熟度都获得了大幅提升，形成了一个蓬勃发展的 Knative 生态系统。雅克·切斯特的这本《Knative 最佳实践》可算是姗姗来迟，这是一本条理清晰、入门简单的图书，清楚地解释了 Knative 是什么、Knative 可以帮助用户解决什么样的问题，以及如何更好地通过 Knative 来解决这些问题。

书中的示例非常易于理解，并且编写巧妙，大多为日常工作中常见的简单示例。此外，我非常喜欢真实世界的示例和精美的插图。我也很喜欢跟着示例动手实践，因为这可以很容易地创建示例并了解各种组件、资源和原理。

Knative 仍在快速发展，而雅克对于 Knative 中需要处理的事情也表明了合理的观点（例如，更丰富的过滤模型），他还讨论了应对这些限制的方法。

雅克是为 Knative 社区服务时间最长的成员之一。我们很幸运有他在社区。

维勒·艾卡斯

Knative Eventing 联合创始人，工程师

序言

当准备写这本书的时候，我正在 Pivotal 工作，当时正处于和 Google 及社区合作的初期。在 Pivotal 工作期间，我通过 Project riff 项目，成为 Knative 开源之前最早参与到这个项目的人员之一。

现在回想最初计划写这本书的时候，真是雄心壮志。与其说你现在拿到的是一本技术书，不如说是一本专业的单词本。首先，这本书的目标已经逐渐从谈论许多不同事物（包括 Knative），演变成了只谈论 Knative。这是一个全面的改进，尽管我喜欢谈论相关主题，但这些并不是一开始就需要的。本书是《Knative 最佳实践》，而不是《Knative 大统一理论》。

我喜欢写作，我为自己感到骄傲，所以行文中添加了很多修饰词。如果你的母语不是英语，那么你读起来可能会很慢。我可以肯定的一件事是，对于任何不熟悉的单词，你跳过就好了，那也许只是我在炫耀我的词汇量。

致谢

我想对一千个人表示感谢，可能都感谢不全，不过首先感谢下面几个人。

感谢埃莱诺·加德纳（Eleonor Gardner）从互联网上找到的一些人，这样迈克尔·斯蒂芬斯（Michael Stephens）才能启动这个项目。感谢我非常乐观的编辑珍妮佛·斯托特（Jennifer Stout）和忧郁的技术编辑约翰·格思里（John Guthrie）。还有弗朗西斯·布兰（Frances Buran），他忍受了我通篇都是逗号的毛病。谢谢他们，因为有他们这本书才变得更好。

同样感谢迄今为止参与过本书的Manning的工作人员：妮可·巴特菲尔德（Nicole Butterfield）、克里斯汀·沃特森（Kristen Watterson）、丽贝卡·里内哈特（Rebecca Rinehart）、瑞哈娜·马卡诺维奇（Rebecca Rinehart）、麦特·赫尔文（Matko Hrvatin）、萨姆·伍德（Sam Wood）、拉德米拉·埃尔切戈瓦茨（Randmila Ercegovac）、科迪·坦克斯利（Cody Tankersley）、特洛伊·德雷尔（Troy Dreier）、坎迪斯·吉尔霍利、布兰科·拉提尼克（Branko Latincic）、穆罕默德·帕西奇、詹妮弗·霍勒（Jennifer Houle）、斯特列潘·尤雷科维奇（Stjepan Jurekovic）、迪尔德·希亚姆（Deirdre Hiam）、杰森·埃弗里特（Jason Everett）和米哈拉·贝蒂尼克（Mihaela Batinic）。

除了 Manning 的工作人员，我还非常感谢那些匿名的审稿人员，他们对早期的草稿进行了认真的审核，有些人甚至审核了三次，他们的严谨和细心极大地提高了本书的质量。虽然我并没有采纳所有的建议，但还是想说谢谢他们，谢谢。

我认为这本书能完成很大程度上要归功于 Knative 社区，我从社区维护者们的身上学到了很多，很享受和他们之间的交流，比如：马特·摩尔（Matt Moore）、维尔·艾卡斯（Ville Aikas）、埃文·安德森（Evan Anderson）、乔·伯内特（Joe Burnett）、斯科特·尼科尔斯（Scott Nichols）、杰森·霍尔（Jason Hall）、马库斯·瑟姆斯（MarkusThömmes）、恩吉亚·特兰（Nghia Tran）、朱利安·弗里德曼（Julian Friedman）、卡洛斯·桑塔纳（Carlos Santana）、尼玛·卡维尼（Nima

Kaviani）、迈克尔·马克西米利安（Doug Davis）、本·布朗宁（Ben Browning）、格兰特·罗杰斯（Grant Rodgers）、保罗·莫里（Paul Morie）、陈慧琳（Brenda Chan）、唐娜·玛梅丽（Donna Malayeri）、马克·科罗夫（Mark Kropf）和马克·查马尼（Mark Chmarny）。同样在社区中，还有我在 Pivotal 和 VMware 认识的许多人，包括大名鼎鼎的戴夫·普罗塔索夫斯基（Dave Protasowski）、马克·费舍尔（Mark Fisher）、斯科特·安德鲁斯（Scott Andrews）、格林·诺明顿（Glynn Normington）、苏克·苏里什（Sukhil Suresh）、坦泽布·卡利利（Tanzeeb Khalili）（有一天我可能会见到他）、大卫·图兰斯基（David Turanski）、托马斯·里斯伯格（Thomas Risberg）、德米特里·卡里宁（Dmitriy Kalinin）、于尔根·莱施纳（Jurgen Leschner）和不知疲倦的肖什·雷迪（Shash Reddy）。

还是要说一下 Pivotal 公司和 VMware 公司的朋友，他们使我更专注地写这本书。我欠了迈克·达莱西奥（Mike Dalessio）和凯瑟琳·麦加维（Catherine McGarvey）一个人情，他们给我提供了为 Pivotal 公司工作的机会，后来他们依然很热心地帮助我。格雷厄姆·西纳（Graham Siener）在自己很忙的时候依然会倾听我的抱怨。伊恩·安德鲁斯（Ian Andrews）和理查德·塞罗特（Richard Seroter）为营销铺平了道路，赛勒斯·沃迪亚（Cyrus Wadia）、戴夫·沙赫纳（Dave Schachner）和海蒂·希希曼（Heidi Hischmann）负责所有的流程和手续。在此过程中，我还要感谢我的经理埃迪·比尔（Edie Beer）和本·莫斯（Ben Moss）。

还有 Pivotal 公司纽约分部的所有同事们（当然还有在旧金山、多伦多、圣莫妮卡、伦敦和其他地方的同事），我很喜欢和他们在一起的时间。最困难的事情是，我花费了个人所有的时间来写这本书。最好的事情是，我依然属于友好、聪明、干练的 Pivotal 团队。一旦加入 Pivotal，将终生属于 Pivotal。

我也非常感谢在我写这本书时和我交谈的播客。"备份中心：全部还原"中的柯蒂斯·普雷斯顿（W. Curtis Preston）和普拉萨纳（Prasana）；"流媒体：融合的播客"中的蒂姆·伯格隆德（Tim Berglund），还有维多利亚·于（Victoria Yu）；"Offer 之禅播客"中的乔米罗·埃明（Jomiro Eming）；"云中集群"中的乔纳森·贝克（Jonathan Baker）和贾斯汀·布罗德利（Justin Brodley）。我非常喜欢和他们之间的每次交流。

还有所有的审稿人：亚历山德罗·坎佩斯（Alessandro Campeis）、亚历克斯·卢卡斯（Alex Lucas）、安德烈斯·萨科（Andres Sacco）、博扬·朱科维奇（Bojan Djurkovic）、克利福德·瑟伯（Conor Redmond）、埃德杜·梅隆德斯·冈萨雷斯（EdraMeléndezGonzales）、埃兹拉·西梅洛夫（Ezra Simeloff）、盖特·范·莱瑟姆（Geert Van Laethem）、乔治·海恩斯（Guy Ndjeng）、杰弗里·楚（Jeffrey Chu）、杰罗姆·梅耶（Jerome Meyer）、朱利安·波希（Keith Senhlum）、开尔文·约翰逊（Kelvin Johnson）、卢克·库普卡（Luke Kupka）、马特·韦尔

克（Mel Welke）、迈克尔·布赖特（Michael Bright）、米格尔·卡瓦科·科凯特（Peturu Raj）、拉斐尔·文塔格里奥（Raffaella Ventaglio）、理查德·沃恩（Richard Vaughan）、罗伯·帕切科（Rot Pacheco）、萨达德鲁·罗伊（Satadru Roy）、泰勒·多勒扎尔（Taylor Dolezal）、蒂姆·兰福德（Tim Langford）和佐罗扎伊·穆库亚（Zorodzayi Mukuya），感谢他们的辛苦工作。

　　我所做的一切都给所有人留下了深刻的印象，实际上我做的只是对我父母的一种传承。当我打扰其他人的时候我只是在讲述我父母的生活。他们涉猎很广，做了很多事情，克服了生活中的种种障碍。这本书是对他们做过的事的一个缩影。

　　当然，还有雷尼（Renée），他是我有史以来遇到的最好的运气之星。没有他，我无法坚持到最后。

关于本书

本书适合哪些人

本书主要面向那些希望学习 Knative 服务模块和服务模块概念及功能的人，笔者仅在需要的时候介绍 Kubernetes 的概念，除此之外，笔者主要讲解 Knative。

笔者的目标是让没有 Kubernetes 使用经验的人能够上手使用 Knative，不知道该目标能不能达成。笔者写了很多关于容器技术、云原生架构和 Kubernetes 的背景知识，希望能够给大家讲明白 Knative。

写这本书的目的不是告诉你学习基本原理时会产生哪些问题。对笔者而言，一方面，是给你展示网络交互的函数示例；另一方面，要权衡讲解过程中是否要引出其他问题。笔者会简要提一下自身认为有关的内容（比如排队论），限于篇幅，不会过多地展开叙述。

本书的主要脉络

第 1 章主要介绍 Knative 及其在云计算中的定位。第 2 章引入 Knative 服务模块。第 3 章深入介绍 Knative 的服务和配置。第 4 章介绍路由。第 5 章的核心内容是自动扩/缩容。第 6 章主要介绍事件模块和 CloudEvents。第 7 章介绍事件源和接收器（事件模块的主要概念）。第 8 章在第 7 章的基础上继续介绍事件代理、过滤器、串行消息和并行消息。第 9 章主要进行总结，笔者集中回答了"如何将软件投入生产环境"和"软件是否正在运行"这两个问题。

建议读者按顺序阅读本书，因为这样阅读起来会容易理解一些。当然，你先读 Eventing，再读 Serving 也能读懂。

本书缺少一个正常运行的完整例子。笔者一开始考虑过，并写过一些草稿代码，不过后来都放弃了。一方面，因为笔者也在学习没用过的知识；另一方面，社区的代码发展得太快了，笔者可能面临刚写完完整的示例代码又要推倒重来的风险。不过在每章的上下文中会穿插相应的示例代码。

关于代码

本书中的大多数代码都是 CLI 命令和 YAML 文件。实际代码是用 Go 语言写的。

在线电子书论坛

购买本书可以免费访问由 Manning 出版社运营的官方在线论坛，可以在线对图书进行评论、提出技术问题并获得作者和其他用户的帮助。

Manning 承诺提供一个可以让读者之间，以及读者和作者之间交流的场所。这不是作者对论坛参与程度的承诺，作者对论坛的贡献是自愿的。我们建议读者向作者提出一些具有挑战性的问题，以免作者失去兴趣！

其他在线资源

首先是 Knative 的官方网站，官方网站一直保持更新中。本书是为一般技术读者入门 knative 而写的。对于具体细节，Knative 官方文档是一个非常推荐的参考。

另外，Knative 社区也是一个开放并且对新手很友好的地方。快速熟悉 Knative 最好的方式是加入 Knative 的 Slack 频道，还有就是加入 Knative 用户的 Google 论坛，加入该论坛不仅可以为你提供 Knative 成员邮件列表，还可以访问共享的社区日历和工作文档。

每周的工作组会议都涉及各种主题，从服务 API 到自动缩放，再到操作和文档。同样，每周该项目的技术监督委员会都会收到一个工作组的最新消息，其中会介绍他们过去几个月的工作。所有的会议和会议纪要都做了记录，可以很容易地查找以前的对话。

关于作者

雅克·切斯特（Jacques Chester）是 VMware 公司的一名工程师，（作者之前在 Pivotal 公司工作，后来 VMware 公司收购了 Pivotal 公司）。自 2015 年以来，他一直从事研发工作，为 Knative 等多个项目做出了贡献。在从事研发工作之前，雅克曾在 Pivotal Labs 担任软件咨询工程师。

关于封面插图

《Knative 最佳实践》封面上的人物插图标题为"法国人"。1797 年，雅克·格拉塞特·德·圣索夫尔（Jacques Grasset de Saint-Sauveur）（1757—1810）调研并收集了各个国家的服饰特色，手工绘制成精美插图，在法国将其出版成册（*Costumes de Différents Pays*）。本书封面的插图便取自其中。雅克·格拉塞特·德·圣索夫尔的藏品种类丰富，向人们生动地展示了 200 年前世界上各个城镇和地区的文化差异。人们虽然彼此隔离，说不同的方言和语言，但是在街道或乡村里，仅通过人们的穿着，就可以轻松地确定他们的住所及生活中的阶层。

从那时起，我们的着装方式发生了变化，而丰富的地区多样性已经逐渐消失。现在很难区分不同地区的居民了。也许我们已经将对文化多样性的追求换成了对更多样化的个人生活的追求，当然是为了更多样化和快节奏的技术生活。

在一个很难分辨不同计算机图书的时代，Manning 基于两个世纪前地区生活的丰富多样性，通过雅克·格拉塞特·德·圣索夫尔的图画使生活重现光彩，以此来庆祝计算机业务的创造性和主动性。

目录

1
chapter

第 1 章
介绍

本章主要内容包括：

- Knative 是什么，为什么要使用 Knative？
- Knative 的优/缺点是什么？
- 服务模块和事件模块的基本概念。
- 如何使用 Knative。

笔者信奉的座右铭之一是 Onsi Haiku 测试：

"这是我的代码，请在云上帮我运行起来，不管用什么方法。"

实际上，这是一个关于如何更好地开发、部署、升级、观察、管理和改进软件的基本概念。这是经过无数次试错，反复实践之后得出的经验。Onsi Haiku 测试意味着：

- 最快、最可靠的面向生产实践是所有开发人员的共同目标。
- 平台开发人员和平台使用人员需要构建清晰的使用界限。
- 对于大多数开发人员而言，构建处理其他软件的平台软件并不是他们所做的最紧急、最有价值的工作。

Kubernetes 本身并没有通过 Onsi Haiku 测试，因为开发与操作之间的界限尚不清楚。应用开发人员无法使用原始的 Kubernetes 集群，无法获得原始的源代码，也无法获得路由、日志记录、服务注入等所有基本功能。Kubernetes 提供了丰富的工具箱，应用开发人员可以用自己的特殊方式来解决测试问题。注意，这些工具箱是软件工具，不是"开箱即用"的机器。

本书不是关于 Kubernetes 的，而是关于 Knative 的。Knative 建立在 Kubernetes 提供的工具箱基础之上，旨在实现一定程度的一致性、简单性和易用性，使 Kubernetes 更加接近于满足测试的高标准。Knative 是一台"开箱即用"的机器。

尽管 Knative 可以应用于许多不同的专业领域，但 Knative 主要专注于开发人员的需求和痛点，对开发人员屏蔽相关的底层细节。Kubernetes 令人惊叹，但它从未强烈地界定由谁来更改或管理具体的内容。这是一个优点：你可以做任何事！也是一个弱点：为了生产可用，你需要做很多事！Knative 从设计之初就提供了清晰的抽象，这些抽象屏蔽了节点、容器和虚拟机（VM）的烦琐的物理业务。在本书中，笔者将重点关注开发人员的需求，仅在为帮助理解 Knative 时才引用或解释 Kubernetes 相关知识点。

1.1 Knative 是什么

Knative 的目的是在 Kubernetes 上提供一个简单、一致的层，以解决部署软件、连接异构系统、升级软件、观察软件、路由流量和自动扩/缩容的常见问题。该层在开发人员和平台之间创建了更牢固的边界，使开发人员可以专注于他们的业务逻辑。

- 主要子项目：Knative 的主要子项目是服务模块和事件模块。服务模块负责主要服务应用的部署、升级、流量路由和扩/缩容。事件模块负责连接不同的系统。以这种方式划分职责可以使 Knative 社区更加独立和快速地发展。

- 软件架构：Knative的软件架构是基于Kubernetes运行的，是一组运行在容器中的进程组件。Knative的软件架构是基于Kubernetes自定义资源（CRD）实现的。服务模块和事件模块 [1]都是基于自定义资源和自定义逻辑实现的，这都是平台开发工程师和平台运维工程师所关注的内容。开发人员只需关注是否安装了这些组件即可，不用关注具体的实现逻辑。

---

[1] 如果你查看有关 Knative 的早期演讲和博客文章，就会看到对第三个子项目 Build 的引用。从那时起，Build 就发展起来了，并扩展到了一个独立的项目 Tekton 中。这项决定使 Knative 脱离了 Onsi Haiku 测试，同时解决了服务模块的许多架构问题。总体而言，如何将源代码转换为容器的能力被单独抽象出来这项决定是很正确的。令人高兴的是，有很多方法可以做到这一点，笔者将在本书的后面介绍一些方法。

- API 接口：Knative 的 API 是表明开发者意图的 YAML 文件。这些 YAML 文件本质上都是 Kubernetes 的插件或者扩展方式，与其他 Kubernetes 的自定义资源相同。

你还可以使用 Knative kn 命令行工具来操作 Knative，这对于调试和快速迭代很有用。在本书中，笔者将展示这两种方法。下面快速了解一下 Knative 的功能。

1.1.1　部署、升级和流量路由

目前的软件部署由过去的通过环境手动升级软件（这个过程需要有计划的停机，并且需要同时多人在线，最多可能需要 200 多个人同时在线）逐渐变成了持续交付和蓝/绿部署。

应用部署应该是全部部署或者全部不部署吗？Knative 支持渐进式交付：并不是所有的 HTTP 请求都到达生产环境系统中的一个软件版本上，而是所有的 HTTP 请求都到达整个分布式系统上，由该软件的多个版本共同响应，在该系统中可以同时运行多个版本，并在这些版本之间分配流量。这意味着部署可以按请求而不是实例的粒度进行。"将 10% 的流量发送到 v2"与"将 10% 的实例运行在 v2 上"不同。具体内容见第 9 章。

1.1.2　自动扩/缩容

系统中的流量是不固定的：有时没有流量、有时流量过大。当没有流量时，系统的部分资源是浪费的；当流量过大时，系统就会承受过大的压力。Knative 使用 Knative Pod 自动缩放器（KPA）进行扩/缩容，它是一种基于请求指标的自动缩放器，已与 Knative 的路由、缓冲和指标组件深度集成。自动缩放器无法解决所有问题，但可以解决大部分流量的问题，因此开发人员可以专注于其他更重要的问题。具体内容见第 5 章。

1.1.3　事件模块

管理 HTTP 请求将花费开发人员很大的精力，而且并非所有内容看起来都像 POST 一样。有时我们想对事件而不是请求做出反应——事件可能来自软件或外部服务，并不是用户请求的时候才产生。这就是 Knative 事件模块发挥作用的地方，不同的组件通过事件模块松耦合地结合在一起，甚至可以准备处理尚不存在的事件。具体内容见第 6~8 章。

1.2　Knative 能干什么

也许在你的仓库的某个地方有一个 deploy.sh，这是一段混乱的代码，中间夹杂着 `grep sed`

指令，并且多次调用了 kubectl 指令。或许还有 sleep 指令或其他耗时的指令，也许还有 wget 操作。你匆匆忙忙地写完了这个脚本，当然你会做得更好，但在 3 季度之前你既要实现 A 接口，又要实现 B 接口……幸运的是，deploy.sh 运行得很好。

事实上所有事物都是如此：永远没有足够的时间。为什么还没有做出实际的更改？原因很简单：太难了。如果手头工作很多，那么想做优化是一件很难的事情。

一旦使用了 Kubernetes，就会发现它很优秀。Kubernetes 本身的设计就非常优秀：通过控制器持续协调期望状态与实际状态。Kubernetes 非常适合那些一次部署、永久运行的场景。但实际情况却是场景一直在变。我们发布了带有 bug 的版本，需要额外发布版本来修复。产品经理想要加新的功能，或者竞争对手迫使我们不得不添加新的功能。

上述场景是你部署脚本的方式。将部署工作做得更好似乎并不紧急，毕竟脚本运行得好好的。如果你不想操心如何升级部署版本，则应该尽量减少升级部署带来的复杂操作，这时可以使用 Knative，它可以代替你来部署工作。

事实上，还有两个问题，你的代码需要知道很多其他的代码，比如登录服务需要知道用户服务和机器人判断服务，并告诉这些服务它想要什么，然后等待这些服务的响应。这是一种命令式的风格。依靠这种风格我们为软件行业创造了无数的成就，但也因此制造了无数的烦琐的流程和代码。

将系统微服务化，每个微服务只响应一次不同的处理流程，并且报告每一步的结果。这不是一个新概念，通过数据管道或者消息管道连接不同服务在数十年前就有了。此处不对这些方式进行过多讨论与分析，在使用哪个数据管道或者消息管道时再分析也不迟。

1.3　Knative 的优势

Knative 专注于事件驱动、持续交付和自动缩放的体系结构。下面介绍 Knative 适合的场景。

1.3.1　具有不可预测性、延迟不敏感性的工作负载

在生活中没有一成不变的事物变化才是常态。我们无法完美地预测或优化任何事情。许多工作负载都面临需求可变性的问题：需求并不是每时每刻都清晰的。根据可变性缓冲定律，我们可以通过以下三种方式来缓冲需求变化：

- 库存——提前生产好用来使用的东西（比如缓存）。
- 容量——多余的备用容量可以容纳更多的需求，而不会使实例急剧地扩/缩容（比如产生空闲实例）。
- 时间——使需求等待更长的时间。

这些都是有代价的。库存需要花钱来保持（RAM 和磁盘空间不是免费的），容量需要花钱来保留（空闲的 CPU 仍然耗电），以及最著名的"时间就是金钱"，没有人喜欢无故地等待。

注意 库存、容量和时间确实是缓冲可变性的唯一选择。这是基本的数学推理。库存是不可或缺的，是产能利用率和需求的总和。容量是一个导数，即库存的变化率。时间就是时间。你可以重新排列术语，也可以更改它们的值，但不能逃脱数学的界限。唯一的选择是减少可变性，因此首先需要较少缓冲。

Knative 的默认缓冲策略是时间。如果请求到来，但此时实例很少甚至为零，那么 Knative 就会通过增加实例并保持请求直到可以提供服务来响应请求。这种机制不错，但是扩容需要时间。这就是著名的"冷启动"问题。

冷启动重要吗？这取决于需求的性质。一方面，如果需求对延迟敏感，那么将实例缩容到零可能不适合这个场景。此时，可以通过设置使 Knative 保持最少数量的实例处于活动状态来解冷启动问题。另一方面，如果这是一个批处理作业或需要等待一段时间才能启动的后台进程，那么按时间缓冲是明智且有效的。就让实例缩容到零吧，将节省的时间花在其他有意义的事情上。

除了请求对延迟的敏感性，另一个需要考虑的因素是：请求的可预测性如何？请求量变动较大的场景需要更大的缓冲区、更多的库存、更多的存储容量，或者让请求等待更长的时间。没有其他选择。如果你不知道如何权衡，那么自动缩放器可以帮你解决这些负担（见图 1.1）。在延迟敏感度性和高度可预测性的业务场景（例如 Netflix 或 YouTube 视频服务器）下，Knative 可能不是一个很好的选择。在这种场景下，需要按计划来规划业务实例。

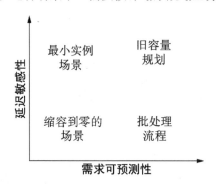

图 1.1 在延迟敏感性和需求可预测性的不同场景中，Knative 的最佳配置

1.3.2 合并多个事件源

有时候你需要将不同的服务结合起来，比如将 A 的输出作为 B 的输入等。Knative 不会直接帮你做这些事，但 Knative 事件模块可以作为"胶水"将不同的服务黏合在一起。Knative 从

不同的事件源接收事件，然后将事件消息传递给不同的消费者。消息源可以由 GitHub、Google Pub/Sub 触发，或者由上传文件完成的动作触发。

将这些事件源都组合在一起也没有问题。基于 Knative 的标准事件接口可以将这些事件源集合在一起。Knative 为此设计了一些抽象概念，用于将其组合成复杂的事件流。只要事件或消息可以转化为 CloudEvent（Serverless 的标准事件格式），Knative 事件模块就可以接管相关事件的所有操作。

当然，Knative 不是银弹，不能对所有场景都适用。比如 CI/CD、数据流分析，以及业务工作流等场景。

并不是 Knative 不能用于以上场景，而是对于这些场景已经有更好、更专业的工具了，尽管可以用 Knative 构建一个 MapReduce 的架构，但并不能媲美 MapReduce 的性能与规模。尽管可以使用 Knative 实现 CI/CD 的功能，但还需要做很多其他工作来实现输入/输出流。

当开发人员想连接各种不同的服务模块或系统，而又不想额外开发时，Knative 是适合的。我们在工作中经常会遇到这种情况，随着系统不断的演进，对接的复杂度会越来越高，比如 Web 应用的接口变更、CI/CD 系统部署脚本的变更等。Knative 将不同微服务之间的调用解耦出来，通过可观测性能力可以更轻松地查看不同服务之间的调用情况。

图 1.2 中考虑的要素是待处理的事件多样性和处理系统的业务专业性。Knative 灵活通用，可以处理多种事件，横坐标表示的是批处理和批量分析系统。这类系统通常不关注多种事件。Knative 是不能通过放弃灵活性而专注于数据吞吐量的。实际上在大多数情况下，应该更倾向于选择这些专业工具，不过专业工具不是免费的。

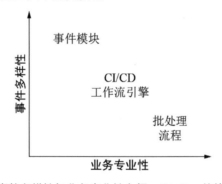

图 1.2　在事件多样性与业务专业性之间，Knative 的使用推荐程度

1.3.3　微服务拆分

微服务是一种比较重要的架构模式。但使用微服务架构并不容易，因为大多数现有系统都不是为此而设计的。不管怎样，微服务拆分都不是简单的事情。

也许你会说可以使用扼杀者模式（strangler），逐渐添加微服务，请求路由到新服务，逐渐废弃原始代码，重复执行直到全部微服务化[1]。

Knative 通过两种方式简化了上述过程。第一种方式，Knative 擅长流量路由。按照流量百分比灰度是 Knative 很重要的一个特性。这一点很关键，因为废弃某些代码，同时把流量都请求到新服务上，是一个很大的赌注，如果新服务有问题，则会导致线上的服务 100%出现问题。Knative 的按流量百分比路由则可以避免这种情况。

第二种方式，使用 Knative 可以更容易地部署微服务。Knative 对于微服务有较好的支持，尤其是用完即毁的小函数。重启一个小函数与重启一个服务相比，耗费的资源更少。微服务拆分得越小，就越容易启动。Knative 在微服务拆分过程中的优势如图 1.3 所示。

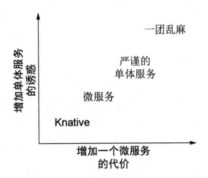

图 1.3　Knative 在微服务拆分过程中的优势

1.4　计数器应用

到目前为止，我们已经介绍了Knative的不少优点：更轻松的部署、更轻松的事件机制、渐进式开发、火星独角兽（每个人都向开发人员承诺的常见特性）等，但没有提供任何具体的细节。为了证明上述特性，下面我们从一个简单的例子（计数器应用）开始，介绍Knative如何使工作变得更快、更智能、更轻松。计数器[2]如图 1.4 所示。

图 1.4　计数器

1　当然，实际上没有容易的事情。一位手稿审稿人说过，成功取决于是否拥有全面的测试套件，以防止回归。同一位审稿人指出，很少使用的 API（例如证书轮转）更难废弃。笔者自己的推论是：不经常运动会导致虚弱。很少使用的代码是一项值得注意的风险。你需要对其进行全面的测试，同时应该考虑改变你的系统，以便可以更频繁地使用不常用的代码（例如，设置每周轮换密钥的策略，或者尽可能每天轮换一部分）。

2　如果你不记得点击计数器，可以认为是点赞或粉丝数。

第一次看到计数器变化的时候，笔者就觉得它很神奇，其实也不神奇，它只是一个CGI程序（Web应用），可能是使用Perl语言编写的 [1]。CGI程序是Knative的主要应用场景之一。下面是为博客首页 [2]添加点击率计数器的代码。

清单 1.1　博客首页 HTML 文件

```html
<html>
<body>
    <style>body { font-family: "awesomefont" }</style>
    <center>
        <b>MY AWESOME HOMEPAGE</b><br />
        <img src="//hits.png" />
    </center>
</body>
</html>
```

首先介绍请求和响应的基本流程，如图 1.5 所示。主页的访问者从 Web 服务器获取 HTML 文档。该文档包含一些网页样式，最重要的是，包含计数器。

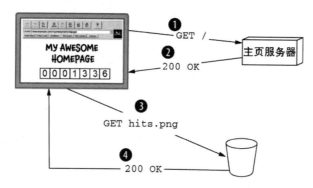

图 1.5　请求和响应的基本流程

图 1.5 中展示的具体流程如下：

①浏览器向主页服务器发出 GET 请求。

②主页服务器返回主页的 HTML 文件。

③浏览器找到 hits.png 图片标签，然后通过 GET 请求获取 hits.png。

1　好吧，使用的是 ImageMagick（图片转换工具），并不是什么魔法。

2　另外两个关联的进程是网盘和存储服务。

④文件存储返回 hits.png。

早期的程序中，Web 服务端的所有流程都是串行的，即当访问者发送请求时，CGI 服务端的/CGI-BIN/hitctr.pl 进程会渲染图像，然后返回，这可能会花费 1~2s 的时间。如果网络差，那么花费的时间可能会更长。

不过现在来说，花费这么长的时间对访问者来说是不可接受的：没有人愿意等待几秒等图片渲染完。于是有了异步请求，即接受请求后，Web 服务器立刻返回 HTML 响应，计数器图片则由其他服务响应。

Web 服务器如何实现这种功能呢？实际上，Web 服务器并不会实现这种功能，它只表示发生了点击动作。记住，Web 服务器只是响应 Web 界面，而不是渲染图片。Web 服务器通过 CloudEvent 格式发送异步消息（new_hit）。

那么消息发送到哪里了呢？消息会被发送到事件代理（Broker）。事件代理是 Knative 事件模块的消息汇聚点，它仅用于过滤和转发事件，具体是什么事件它不会关注。触发器（Trigger）来定义谁会接收什么事件这些具体细节。每个触发器都定义了对哪些事件感兴趣，以及事件的接收方是谁。当事件到达事件代理时，它会使用触发器的过滤器（Filter）。如果匹配完成，则将事件发送到订阅者（Subscriber），如图 1.6 所示。

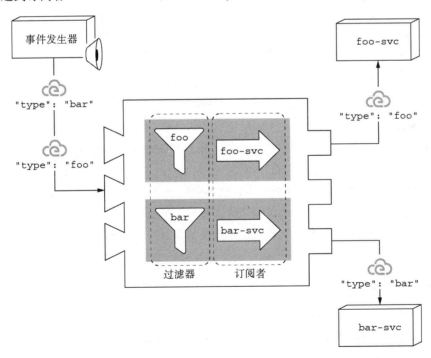

图 1.6 代理和触发器的工作流程

　　触发器使得处理多个事件流成为可能。Web 服务器不知道也不关注 new_hit 事件会被谁消费。有了 new_hit 事件，就可以用来计数了。不同于之前的同步阻塞调用，现在可以用 Perl 脚本异步处理计数功能了。

　　既然已经使用了事件功能，不妨用得更彻底一些。毕竟渲染图片并不是计数应用的关键能力（比如执行 SQL 语句 UPDATE 时，并不能取回图片）。这里我们通过统计服务来消费 new_hit 事件，然后发出一个新的统计事件，这个事件会被其他订阅者来消费，消息流转过程如图 1.7 所示。

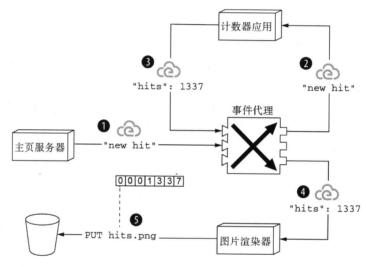

图 1.7　消息流转过程

①主页服务发送 new_hit 事件。
②触发器匹配到 new_hit 事件，事件代理会将事件转发到计数器应用。
③计数器应用更新内部计数器，然后发送 hits 事件（包含总的点击数）。
④另一个触发器匹配到 hits 事件，事件代理会将该事件转发到图片渲染器服务。
⑤图片渲染器渲染出一个新的图片，然后更新文件服务器中的 hits.png。

　　现在，如果访问者重新加载其浏览器，就会看到命中计数器已经更新了。

困难点

　　把所有的流程都汇总在一起，如图 1.8 所示。

　　注意，图 1.8 中用了两组标号。一组用于 Web 请求响应（图的左侧），另一组用于事件流（图的右侧）。这是很重要的一点：Web 服务是同步的，事件流是异步的，这个区别很重要，如图 1.9 所示。

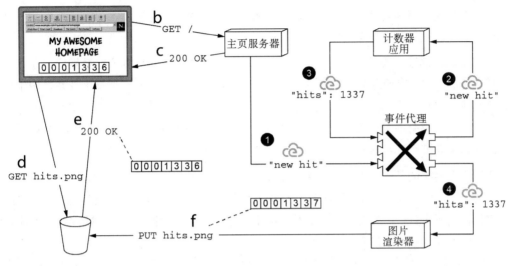

图 1.8 数据流汇总图

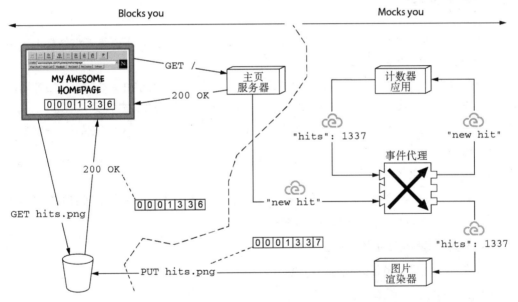

图 1.9 同步调用效率低，异步调用数据一致性无法保证

由于事件流是异步的，因此无法保证hits.png在下一位访问者请求之前更新。比如，访问者可能会看到 0001336，重新加载后看到的还是 0001336[1]。除此之外，一个访问者可能看不到任何变化，另一位访问者可能注意到计数器跳跃增长，因为后面提交的图片会覆盖前面提交的

1 假定笔者在浏览器中禁用缓存请求头，强制浏览器每次重新刷新。

图片。不仅如此，访客还可能看到计数减少，因为 0001338 的渲染可能在 0001337 的渲染之前就已经完成了，或者是事件未按顺序到达，或者是某些事件甚至从未收到。

还记得前面说过计数器应用（Hit Counter）会记录点击总数吗？如果计数器应用在内存中保存点击总数，则是有问题的。比如当没有请求时，Knative 的自动缩放器会把计数器应用的实例缩容到零，内存中保存的点击总数自然就消失了。计数器应用冷启动之后点击总数为零。但是另一方面，如果有多个计数器应用实例，则这些实例都是单独计数的。准确的图片点击数取决于流量路由到哪个计数器应用实例，并不是我们期望的总数。

我们正在讨论的是无状态系统，解决上述问题的思路就是把数据保存在共享位置，而不是代码逻辑中。比如每个计数器应用都使用Redis递增一个公共值。否则逻辑可能会变得比较复杂：每个实例都监听事件 [1]，只有当收到的数据大于自己内存中的数据时，才将数据更新为输入的计数，同时要保证系统中没有循环事件。

1.5　版本变更

你可能已经注意到了，笔者的重点一直在已经部署好的系统上。下面笔者将修复上述系统中的一个关键问题：改变主页的字体。

很快你就会了解到Knative实例是不可变的。比如，你无法通过SSH登录到主页服务器，无法通过vi进行在线编辑 [2]。不过这也引出了另外一个问题，如何将更改作用到云上。

Knative将应用的部署和升级封装为服务（Service）[3]。当服务变更时，Knative会采取行动使期望与状态保持同步。具体的流程如图 1.10 所示。

图 1.10 中响应的逻辑如下：

①更新服务之前如果用户访问主页，则看到的是 v1 版本的主页服务器返回的 HTML 页面。

②开发人员通过命令行工具 kn 更新服务。

③Knative 启动 v2 版本的主页服务器。

④v2 版本的主页服务器通过健康检查。

⑤Knative 停止 v1 版本的主页服务器。

⑥服务更新之后，当你再次访问主页时，看到的是 v2 版本的主页服务器返回的 HTML 页面（字体变更后）。

1　请不要这么做。

2　当然，由于代码的限制，笔者不记得自己曾经这样做过。

3　不要与 Kubernetes 服务混淆，后面还会介绍。

蓝/绿部署是 Knative 的默认行为。当更新服务时，会在保证新版本正常（健康检查通过）的情况下切换负载，保证流量不会中断。

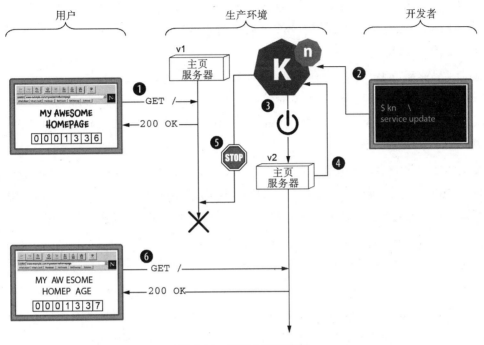

图 1.10 更新主页的流程

1.6 Knative 系统组件

接下来我们看一下 Knative 的两个子项目：服务模块（Serving）和事件模块（Eventing）。

1.6.1 服务模块

服务模块是 Knative 的第一个也是最知名的部分，其功能包括运行软件、管理请求流量，以及根据需要扩/缩容实例。对开发人员来说，Knative 提供了三种资源用来实现开发人员的需求：配置（Configuration）、修订（Revision）和路由（Route）。

配置是待运行软件的期望状态，包含所需的容器镜像、环境变量等详细信息。Knative 将此信息转换为底层的 Kubernetes 概念，例如部署。实际上，那些熟悉 Kubernetes 的人可能想知道 Knative 到底在做什么。毕竟即使没有 Knative，开发人员也可以自己创建和提交一个部署。

接下来是修订版本，这些是配置的快照。每次更改配置时，Knative 都会创建一个修订版本，实际上，修订版本还会转换为底层的 Kubernetes 资源。

如果单纯只是保存修订版本，则未免有些浪费资源。毕竟 Git 就可以进行版本控制，为什么还需要 Knative 呢？因为 Knative 并不只支持蓝/绿部署，实际上，Knative 还支持多版本间更详细的流量配置规则。

例如，当部署 v2 版本的主页应用时，部署要么全部为 v1，要么全部为 v2。如果要分析是否不同版本会导致用户在页面上的留存时间不同时（A/B 测试），则这种部署方式就不满足了，因为得到的数据有很多其他干扰因素，例如一天中不同时间的影响。如果不同时运行两个版本，则无法控制这些变量。

Knative 能够按百分比将流量分配给修订版本。比如，笔者可以将 10% 的流量发送到 v2 版本，并将 90% 的流量发送到 v1 版本。如果用户不喜欢新字体，那么可以轻松地将其回滚而不必惊慌。相反，如果新字体更受欢迎，则可以快速升级，将 100% 的流量都发送到 v2 版本。

正因为有修订版本的存在，才可以通过百分比定向不同的流量。在 Kubernetes 中，既可以向前升级，也可以向后回滚，但无法按照百分比来分配流量，此时只能通过 Knative 的服务实例来实现。

你可能想知道本示例中谈论的 Knative 服务到底是什么，本质上这是服务配置的集合。每个服务都包含了配置和路由，基本上包含了一个服务部署的所有信息。

不过，这些概念不一定都是列在平台收费项上的内容。大多数人可能听说过自动扩/缩容，包括缩容到零。但对于许多人来说，吸引他们的正是平台缩容到零的能力：按需付费，避免为闲置实例付费。同样有自动扩容的能力：当发生热点新闻时，不用临时为服务器扩容。取而代之的是，可以将按需扩/缩容的能力交给 Knative。关于 Knative 自动扩/缩容的能力和机制将在第 5 章中详细描述。

1.6.2　事件模块

第二部分是事件模块，这是 Knative 中关注度较低的部分。事件模块提供了不同软件之间通过事件进行交互的机制。实际上描述不同软件之间的连接关系比描述单个软件要复杂，涉及的原理也更广，涉及的 Kubernetes 资源也更多。

本章开始的部分已经介绍了事件模块中的代理和触发器。代理用于管理基于触发器的事件流。触发器用于将事件过滤并转发到事件接收方。

上面只是对其工作原理的概览说明。实际上还有很多的细节并未展开讨论，比如 CloudEvent 是如何进入代理的，事实上有很多可能性。这里最重要的是事件源。事件源中包含的配置包括事件发出者配置信息，以及将要发送给代理的配置信息。事件源很广泛，可以是 GitHub 的 Webhook、HTTP 请求，或者你自己指定的任何源。只要能发出 CloudEvent 并将 CloudEvent 发送给代理，就可以作为事件源。

现在你可能已经构思好了业务的事件处理流程，但是在触发器上写触发器实在是太复杂了，估计你很快就会放弃。但是如果能够按照顺序处理事件，那么流程就会变得很简洁。Knative 的顺序事件（Sequence）就是为按顺序执行事件流而设计的，比如 A 要在 B 之前运行。另外，可以利用 Knative 的并行事件（Parallel）来一次做多个事情，比如同时独立运行 A 和 B。

与服务模块提供的 Service 资源类似，序列和并行也是根据其他现有的资源概念抽象出来的。这两个概念是可选的，并不是必需的，使用它们比手动配置相同功能的触发器方便。

1.6.3　服务模块和事件模块

在 Knative 的设计中，服务模块和事件模块是独立的，也就是说，不需要服务模块即可使用事件模块，同理不需要事件模块即可使用服务模块。但两者结合起来的效果更好。例如，如果事件流的处理流程很长，那么实例处理完成后就及时缩容到零可以很好地降低成本；如果实例存在性能瓶颈，则可以通过扩容实例来解决。借助服务模块，事件模块可以更好地发挥优势。

另一方面，服务模块重点关注的是请求/回复模型，这是一种简单、健壮、有时会同步阻塞的架构。对于服务模块而言，当一个应用对应的实例阻塞时，会将流量引导到另外一个已经存在的实例中，而不是重新创建新的实例。虽然也有等待时间的阻塞，但是比在 HTTP 上的阻塞时间要短。基于此，我们可以很容易地拆分微服务。

事件模块在设计上缓解了一些同步请求的压力。可以利用事件模块分担很多不需要阻塞的工作，这些工作一般都是对某件事做出的反应，而不是顺序执行的指令。Knative 推荐每个应用都尽量轻量化，这样可以使服务模块更好地发挥自动扩/缩容的优势。比如，一个系统中有 300 个占用 100GB 内存的应用，但只有 2 个应用可能有一些流量突发情况，这种情况下资源有很大的浪费。基于事件模块的一个应用示例如图 1.11 所示。

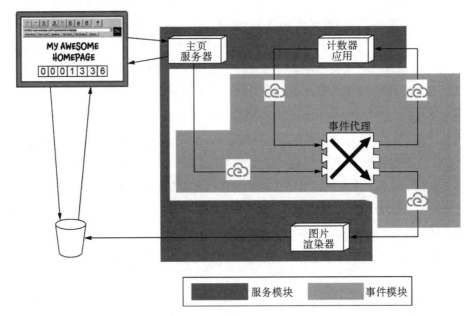

图 1.11　在应用架构中，服务模块提供服务，事件模块负责将各个服务联系起来

1.7　Knative 控制器

说点题外话，Knative 是一个很好的名字，读音为 KAY-nay-tiv。从个人经验来讲，当人们努力练习某个事物名字发音的时候，人们会更加专注它。

此外，这个名字本身有其他的含义。Knative 是 Kubernetes 原生的 Serverless 实现，是完全基于 Kubernetes 的可扩展性和设计原理实现的，其屏蔽了 Kubernetes 的复杂性。为了更深层次地了解 Kubernetes 和 Knative 相关性，下面介绍 Knative 和 Kubernetes 中比较核心的概念：控制器模式。

1.7.1　反馈控制

工程类专业的人，大概都知道"反馈控制"的概念。严格地说，反馈控制系统指系统的输入影响输出，同时系统又受输出影响。

例如，银行利息中常见的复利是一个反馈回路。复利的计算过程没有人参与，全程由计算机计算。银行支付的利息金额是由累计的本金计算出来的，而累计的本金又包含了最初的本金和上一次银行支付的利息金额。每个计算周期后，累计本金金额都会增加，产生的利息也会增加，收益会逐渐增多，每次的本金投入也会反馈到整个系统中。

或者还可以考虑雪崩的场景。一开始很小的一部分雪滑落，落到下面的雪上，使更多的雪滑落，再落到下面的雪上。如此循环，几秒之内，就可以由几片雪花演变成具有数千吨破坏力的雪崩。

反馈回路的本质是这些回路不需要其他外力因素，单纯地由因果关系影响。这就是银行复利的计算可以和雪崩归为一类的原因。无论系统是天然的还是人造的，都不影响反馈控制系统的工作过程。

我们通常认为反馈回路中的关键部分是其中的智能逻辑，因为很少会研究其中的纯因果循环关系：纯阻尼回路会减少信号，而纯放大回路会放大信号。在人类视角下，宇宙似乎是由线性因果关系组成的，但通常情况下宇宙处于一种稳态的平衡中，并且始终处于一个混沌平衡中。

由于很少了解纯因果关系，因此我们常常将观察到的那些事物归功于智能。根据人们的经验，人类需要创建一种抽象：控制回路 [1]。

控制循环就是其中的一种方式，在这种实现中，控制器被加到循环中。控制器观察实际状态，将其与期望状态的参数进行比较，然后对实际状态进行操作，以使其逐渐逼近期望状态。这个简单的工作凝聚了数百年几代微积分方向研究者的智慧结晶。但从本质上讲，控制循环的思路很简单——使我们所拥有的事物看起来更像我们期望的样子。

控制循环的基本概念如图 1.12 所示。

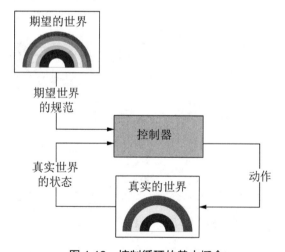

图 1.12　控制循环的基本概念

1　将智力归因于因果关系是人的事。雷电不是愤怒的超级生物，但如果你曾经近距离接触雷击，就可以理解为什么人们不会用"静电"来解释这样的现象了。

与 MVC 中控制器的区别：

在本书中，"控制器"不是指软件框架中"模型—视图—控制器"（MVC）模式中的控制器。特里格·雷恩斯格（Trygve Reenskaug）发明了 MVC 模式，最初使用的名称是"Editor"。之前命名为"MVE"模式。MVC 之所以得名，是因为："经过长时间的讨论，尤其是与阿黛尔·戈德堡（Adele Goldberg）的讨论，才命名为模型—视图—控制器。"

控制器或编辑器是连接人类用户的心智模型与计算机中存在的数字模型之间的纽带。通过 MVC 解决方案支持用户直接查看和操作计算机中的作用域信息。

但这不是 Kubernetes 或者 Knative 中控制器的意思。这里的控制器其实与控制理论中的控制器类似，控制理论涉及如何使动态系统更可预测和更可靠地运行。控制理论被工程师广泛应用于电气和电子系统、空气动力学、化工厂设计、制造系统、采矿、精炼厂等许多领域。如果你从没听过 MVC，那就更不容易混淆了。

控制器的关键是控制循环的无限重复。控制器定期获取期望状态和实际状态的信息，将它们进行比较，然后决定是否对实际状态采取行动（见图 1.13）。对实际状态的重复采样，并将信息"反馈"到控制器，这就是叫反馈控制器的原因[1]。

截至目前，本书中描述的控制回环的作用：基本上是抵消实际状态与期望状态的偏差；期望状态是固定不变的，只有当期望状态与实际状态不一致时，控制器才会执行相关的逻辑。

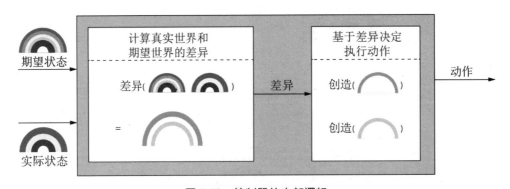

图 1.13　控制器的内部逻辑

真实逻辑是：与固定不变的期望状态相比，控制器并不能直接看到实际状态的变化。它看

1　当你设计没有环路的系统时，控制器正在使用"前馈"。设计师通常利用设置受控系统的某些属性，使反馈变得不那么必要。例如，你没有看到反馈控制器，是因为这些控制器的逻辑通常保持不变。前馈控制对于很多系统来说是一种有用的、合法的设计技术。对于软件这种急剧变化的动态系统，如果想要保持稳定性和可靠性，则反馈控制非常适合。

到的是两种输入[1]参数之间的差异。每次循环逻辑中，控制器都会重新比较两个输入参数[2]。控制器不知道也不关注自"上次循环"以来实际状态是否已经发生变化。

　　简单总结一下：由于实际状态或期望状态的变化，控制器可以执行相关逻辑，因为它是对差异做出反应，而不是对实际状态本身做出反应。开发者或使用者可以修改期望状态来触发控制器执行相关逻辑。

1.7.2　循环嵌套

　　期望状态通常是人来制定的，比如通过 YAML 描述期望状态，然后交给控制器去执行。

　　这样是没有问题的，但是通常情况下，实际状态可能会更加复杂。站在工程师专业的角度，我们会通过抽象和组合来应对这种复杂的情况。如果不使用抽象和组合，如果必须为我们的期望状态定义每个细节，那么：（1）将通过网络发送很多关于期望状态的信息；（2）需要一个非常复杂的控制器控制所有的细节信息[3]。

　　对于这种复杂的情况，业界一般通过分层控制来解决，即通过上一层控制器来修改一个控制器的期望状态。例如，工业窑炉中有很多控制器，这些控制器通过每个燃气进气开关控制可燃的燃气量。那么到底多少燃气量才是合适的呢？这个燃气量是由上一层控制器决定的。也就是说，有两层控制器为数百个燃烧器设置正确的气体流量，而不是整个系统通过一个控制器来控制整个燃气炉的温度是多少。燃气炉中的多层控制系统如图 1.14 所示。

　　根据单一职责原则，这属于分层架构。温度控制与气流控制有不同的关注点。软件系统也是如此：通过光纤传送信号的业务不同于构建数据帧，构建数据帧不同于发送数据包，更与 GET 请求区别甚远。开发业务代码（如使用 JavaScript）的人不需要了解开发光学控制算法。有些人可能认为这很可惜，此处笔者保留自己的观点。

1　这种差异不是可交换的，因此输入的顺序很重要。通过"desired"输入进来的是期望的状态，通过"actual"输入进来的是实际的状态。

2　控制理论中的控制器并非普遍适用。我们有多种方式将"记忆"及时转发。在最常见的控制理论方法中，笔者所描述的是纯比例控制器。在以前的状态上添加一些平均值增加积分控制。根据输入差异的大小调整控制的力度，即增加导数控制。

3　早期控制论者罗斯·阿什比将其称为"必要多样性法则"：系统的任何完美控制器必须和系统一样复杂。当然，"完美"在实践中是不可能的，其实我们也不需要（你真的认为窑控制器应该包括天气预报的能力和判断现场是否会发生爆炸的能力吗？）。将控制问题分解为层次结构的策略使每个级别都非常重要而且更容易解决问题，以达到满意的标准。

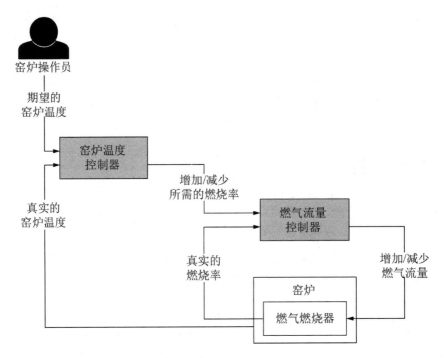

图 1.14 燃气炉中的多层控制系统

最终，这种反馈控制回路的层次结构将由开发人员决定。开发人员描述了一个期望的系统（实现某个目的的软件），想要期望的系统发生变化，从而创建一系列其他不断变化的系统。不久，部署将为下层控制器设置新的目标。大多数情况下，我们只专注于正在采取的行动即可，但希望行为的目的明确。

Kubernetes 基于反馈回路控制模式构建，并提供声明式的 API 架构，以便扩展开发各种不同的控制器。Kubernetes 使用分层控制来控制各自的资源：Pod 由 ReplicaSets 控制器控制，而 ReplicaSets 由 Deployments 控制器控制。运行一个 Knative 应用所涉及的 Knative 和 Kubernetes 多层控制器如图 1.15 所示。

Knative Serving 建立在上述多层反馈控制模式之上，它提供了服务（Service）、配置（Configuration）、修订版本（Revision）和路由（Route）的 API 接口。这些由第一级控制器处理，这些控制器将它们分解为其他控制器的目标，以此类推，直到控制的目标是底层的为止（底层对外屏蔽）。使用者的目标是成为这个分层控制系统中的顶级控制者，其他的都交给 Knative 处理。

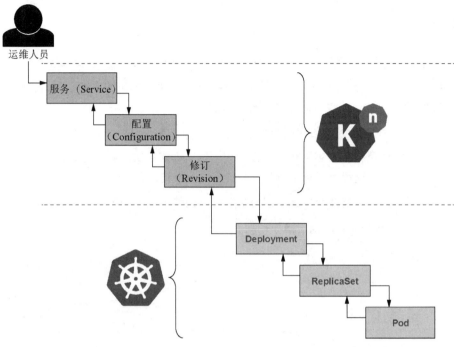

图 1.15 运行一个 Knative 应用所涉及的 Knative 和 Kubernetes 多层控制器

1.8 准备好开始了吗

在深入之前，我们先做一个简单的调查。如果你熟悉软件编程，能够读懂 Go 语言实例代码，并且熟悉命令行工具，那么基本上就是 Knative 的主要受众：开发人员。

本书假定你了解 Kubernetes 和服务网格（Service Mesh），并且假定你使用过服务器平台。除非必要，否则本书不会过多介绍相关信息。本书的目标是使用 Knative 屏蔽底层 Kubernetes 的相关信息。

在第 2 章中，你需要安装一些工具，最重要的是，你需要安装 Knative，无论是自己安装的，还是云厂商提供的。此外，你需要安装 kn 工具，第 2 章会重点介绍该工具。有关 Knative 和 kn（Knative 的命令行工具）的安装指南请参阅附录 A。

如果要运行示例，则需要安装 Go。最好在代码编辑器中添加 YAML 扩展（有些编辑器中的 YAML 扩展还包括专门的 Kubernetes 支持），不过这并不是必需的。

最重要的是你能够喜欢这个过程，下面就让我们开始吧。

1.9 总结

- Knative 使部署、更新、自动扩/缩容和编写事件驱动的应用变得更加容易。

- Knative 有两个主要组件：服务模块和事件模块。服务模块的重点在于运行软件、自动扩/缩容和路由。事件模块主要处理事件流。

- Knative 系统中有大量的控制器来控制相关对象的状态。

- 控制器将期望状态与实际状态进行比较，然后确定使实际状态达到期望状态所需的必要条件。这个过程可以重复发生，最终形成反馈控制回路。

- 控制器可以是多层嵌套的。上层控制器可以调整下层控制器的期望状态。

- Knative 的核心架构原则是循环控制。

第 2 章
Knative 服务模块

本章主要内容包括：

- 使用 Knative 服务模块部署一个新的服务。
- 使用版本更新服务。
- 在版本间分流。
- 服务模块的主要模块及相关介绍。

本书会从 Knative 的服务模块开始介绍，并且在接下来的章节中带领你更深入地了解 Knative 的主要模块和相关机制。首先，本章会使用两种方法带领你初识 Knative。

本章会实际操作 Knative。你可能会注意到，2.1 节会刻意回避 Knative 的使用。笔者确实给你介绍了一个 Knative 的真实案例，但这是为了激发你对本书产生更大的兴趣。所以 2.1 节的例子会涉及很多知识点。一个带有图表和讲解的示例可以带你快速领略 Knative 全貌。

从现在开始，你需要动动手指实际操作了。本章使用 kn CLI 工具来部署应用、修改设置、修改应用，以及配置流量。本书不会讲解 YAML 相关的知识。我们会尝试用互动的方式带你学习 Knative。

2.2 节将全面介绍服务模块的关键组件。这么做的原因是笔者希望这些内容可以轻易地被你找到。然后，在以后的章节中，本书将围绕 Knative 向开发人员暴露的内容来展开介绍。Knative 的相关内容可能遍布在全书各个地方，这也意味着你需要阅览全书来查找组件信息。

这些内容也会和第 1 章的内容相呼应。笔者会给你介绍控制循环的基本概念。本章会使用这一基本概念来解释服务模块的顶层架构设计，这一设计也是基于控制循环的。

本章的目标是：（1）你可以使用 kn 构建自己的示例应用；（2）你对 Knative 服务模块的运行时组件有基本的了解。接下来笔者会进一步阐述这些基本概念，也将更深入地介绍如配置、路由和 Knative Pod 自动缩放器等相关的内容。

2.1 演练

本节仅使用 kn 演示 Knative 服务模块的一些功能，并且假设你已经按照附录 A 中的说明安装了 kn。

kn 是 Knative 的"官方"客户端，但它不是官方的第一个客户端。在 kn 出现之前，Knative 已经有很多可选的客户端，比如 knctl。这些工具有助于探索 Knative 客户端的不同使用体验。

kn 有两个作用。(1)客户端本身是专门给 Knative 设计使用的，你不需要详细了解 kubectl，可以假设 Kubernetes 不存在。（2）kn 淘汰了 Knative 的 Golang API，让 Knative 的 Golang API 仅在其他使用 Go 语言编写的和 Knative 交互的工具中使用。

2.1.1 首个部署

首先，使用 kn service list 来确保我们在一个干净的环境中使用 Knative。在使用 kn service list 后，可以看到 "No Services Found"。现在我们使用 kn service create 来创建一个服务。清单 2.1 展示了使用 kn 创建服务的基本用法。

清单 2.1 使用 kn 创建第一个服务

命名服务。
```
$ kn service create hello-example \
    --image gcr.io/knative-samples/helloworld-go \     ← 引用容器镜像。本例子使用
    --env TARGET="First"     ← 注入示例应用需要的环境变量。     Knative 提供的简单的应用

    Creating service 'hello-example' in namespace 'default':     ←
                                      观察部署过程和打印的日志。
```

```
0.084s The Route is still working to reflect the latest desired
   specification.
0.260s Configuration "hello-example" is waiting for a Revision to
   become ready.
4.356s ...
4.762s Ingress has not yet been reconciled.
6.104s Ready to serve.
```

```
Service 'hello-example' created with latest revision 'hello-example-pjyvr-1'
   and URL: http://hello-example.example.com
```
新部署服务的访问 URL。

　　kn 打印的日志就是第 1 章中讨论的概念。你提交的服务会被分为配置和路由。配置将创建一个修订版本。在路由配置好流量入口（Ingress）之前，修订版本必须准备好，并且只有在流量入口准备好之后才能访问该服务的 URL。

　　这个编排展示了分层控制是如何将高层次的意图分解为配置并运行起来的过程。在编排的最后，Knative 启动了你指定和配置的容器，并对其进行流量路由，以便应用可以在给定的 URL 上监听。

　　访问清单 2.2 中给出的 URL 会返回什么？让我们看下面的例子。

清单 2.2　第一个 hello

```
$ curl http://hello-example.example.com
Hello First!
```

2.1.2　第二个部署

　　你可能不喜欢第一个例子，但非常喜欢第二个例子。因为第三个例子非常简单，只需要按照清单 2.3 中的代码操作即可。

清单 2.3　更新程序 hello-example

```
$ kn service update hello-example \
--env TARGET=Second
```

更新命名空间 default 下的服务 hello-example：

```
3.418s Traffic is not yet migrated to the latest revision.
3.466s Ingress has not yet been reconciled.
4.823s Ready to serve.
```

服务 hello-example 已经更新到最新修订版本 hello-example-bqbbr-2，
➡ 并且 URL 是 http://hello-example.example.com。

```
$ curl http://hello-example.example.com
Hello Second!
```

这是因为清单 2.2 将环境变量 TARGET 改为了 Second，示例程序会读取该环境变量并且将其放到模板中，代码如下所示。

清单 2.4　示例程序代码

```
func handler(w http.ResponseWriter, r *http.Request) {
  target := os.Getenv("TARGET")
  fmt.Fprintf(w, "Hello %s!\n", target)
}
```

你可能已经注意到了，修订名称会发生更改，第一个是 hello-example-pjyvr-1，第二个是 hello-example-bqbbr-2。在不同的机器上，版本名称会略有不同，因为名称的一部分是随机生成的：hello-example 来自服务的名称，后缀 "1" 和 "2" 表示服务的 generation 字段（稍后会详细介绍）。但是中间几位字符是随机分配的，以防止名称冲突。

是第二取代第一吗？答案是：这取决于访问的修订版本。从端上用户来看，HTTP 请求将全部发送到 URL 上，即版本已经全部进行了替换。但从开发人员的角度来看，两个修订版本仍然存在，如清单 2.5 所示。

清单 2.5　版本 1 和版本 2 依然存在

```
$ kn revision list
NAME                    SERVICE        GENERATION   AGE     CONDITIONS   READY
hello-example-bqbbr-2   hello-example  2            2m3s    4 OK / 4     True
hello-example-pjyvr-1   hello-example  1            3m15s   3 OK / 4     True
```

笔者可以使用 kn revision describe 详细地查看每个修订版本。具体显示可以看下面的清单。

清单 2.6　查看第一个修订版本

```
$ kn revision describe hello-example-pjyvr-1
Name:       hello-example-pjyvr-1 Namespace: default
Age:        5m15s
Image:      gcr.io/knative-samples/helloworld-go (pinned to 5ea96b)
Env:        TARGET=First
Service:    hello-example

Conditions:
  OK   TYPE                    AGE REASON
  ++   Ready                   3h
  ++   ContainerHealthy        3h
  ++   ResourcesAvailable      3h
   I   Active                      3h NoTraffic
```

2.1.3　状态

　　研究示例程序的状态是有价值的（见清单 2.6）。因为程序可能处在一些状态，所以了解这些状态的含义会非常有帮助。冒烟测试或者额外的监控可以发现程序出现了问题，但不能指出问题在哪里。这个状态列表可以给我们四点信息：

- OK：这一列数据可以快速给出结论，即服务是不是健康的。符号"++"表示一切正常。符号"I"表示服务还好，但它表示的信息没有符号"++"那么正向。如果服务出现的问题十分严重，那么会出现符号"!!"。如果服务出现的问题不是很严重，那么会出现符号"W"。如果 Knative 不知道当前服务出了什么问题，那么符号会变为"??"。

- TYPE：这一列数据是唯一描述状态的。清单 2.6 中出现了四种类型的数据。例如，READY 表示 Kubernetes 就绪探针探测的结果是正常的。你更感兴趣的可能是 Active 状态，它告诉我们当前修订版本有实例正在运行。

- AGE：这一列数据表示当前状态的最后修改时间。在清单 2.6 这个例子中，数据都是 3 小时，这个时间是会变化的。

- REASON：这列数据提供了许多排查问题的线索。例如，Active 状态在 REASON 这一栏显示的是 NoTraffic 状态。

　　所以下面这一行数据：

```
I Active 3h NoTraffic
```

你可以理解为：

截至 3 小时前，由于 NoTraffic，Active 状态的信息状态为"报告状态"。

假如出现了下面这一行数据：

```
!! Ready 1h AliensAttackedTooSoon
```

你可以这样理解：

截至 1 小时前，由于 AliensAttackedTooSoon，Ready 状态的信息状态为"警告状态"。

2.1.4 Active 表示什么

当 Active 状态显示 NoTraffic 时，表示修订版本当前没有活跃的实例在运行。假设我们对它执行 curl，如清单 2.7 所示。

清单 2.7 执行 curl

```
$ kn revision describe hello-example-bqbbr-2
Name:        hello-example-bqbbr-2
Namespace:   default
Age:         7d
Image:       gcr.io/knative-samples/helloworld-go (pinned to 5ea96b)
Env:         TARGET=Second
Service:     hello-example

Conditions:
  OK TYPE                AGE REASON
  ++ Ready               4h
  ++ ContainerHealthy    4h
  ++ ResourcesAvailable  4h
  I Active               4h NoTraffic

$ curl http://hello-example.example.com
# 省略容器启动时的暂停信息
Hello Second!
```

```
$ kn revision describe hello-example-bqbbr-2
Name:       hello-example-bqbbr-2
Namespace:  default
Age:        7d
Image:      gcr.io/knative-samples/helloworld-go (pinned to 5ea96b)
Env:        TARGET=Second
Service:    hello-example

Conditions:
  OK TYPE                AGE REASON
  ++ Ready               4h
  ++ ContainerHealthy    4h
  ++ ResourcesAvailable  4h
  ++ Active              2s
```

注意　在清单 2.7 中显示的是"++Active",而不是 NoTraffic。Knative 表达的意思是一个运行的进程被创建并且处于活跃状态。如果你几分钟不处理它,那么这个进程会再次被关闭,并且 Active 状态会再次回到缺少流量的状态(NoTraffic)。

2.1.5　修改镜像

Go 编程语言对喜爱 Go 的人来说是"Golang",但对讨厌它的人来说是"erhrhfjahaahh",是过时的热点语言。最新的热点语言是 Rust,但到目前为止,笔者一直在避免形成此看法。笔者唯一知道的是 Rust 是新的热点语言,所以,作为一个负责任的工程师,笔者认为这个语言会更好。

这也意味着 helloworld-go 不再让你感兴趣,并且笔者想使用 helloworld-rust 来代替它。清单 2.8 展示了这很容易实现。

清单 2.8　更新容器镜像

```
$ kn service update hello-example \
  --image gcr.io/knative-samples/helloworld-rust
Updating Service 'hello-example' in namespace 'default':

  49.523s Traffic is not yet migrated to the latest revision.
  49.648s Ingress has not yet been reconciled.
```

```
49.725s Ready to serve.

Service 'hello-example' updated with latest revision 'hello-example-nfwgx-3'
➥ and URL: http://hello-example.example.com
```

然后使用 `curl` 来调用它（如清单 2.9 所示）。

清单 2.9　新热点的版本回复"Hello"

```
curl http://hello-example.example.com
Hello world: Second
```

注意　清单 2.9 回复的消息是 Hello world: Second，而不是"Hello Second!"。笔者对 Rust 并没有深入理解，猜测是 Rust 禁止对其从未见过的人回复过多信息。但这至少提供了信息，即笔者未作弊修改环境变量值"TARGET"。

这里有一个重要的点需要你记住：修改环境变量会创建新的修订版本。修改镜像也会创建新的修订版本。由于笔者没有修改环境变量，所以第三个修订版本依赖回复"Hello World:Second"。实际上，几乎所有对服务的更新都会创建新的修订版本。

几乎所有？有没有例外？当然有，当修改路由配置时，即更新服务的路由配置不会创建新的修订版本。

2.1.6　分流

下面笔者在最新的两个版本间分流来证明修改流量配置不会创建新的修订版本。清单 2.10 展示了流量分流。

清单 2.10　50/50 分流

```
$ kn service update hello-example \
  --traffic hello-example-bqbbr-2=50 \
  --traffic hello-example-nfwgx-3=50

Updating Service 'hello-example' in namespace 'default':

  0.057s The Route is still working to reflect the latest
    ➥ desired specification.
```

```
0.072s Ingress has not yet been reconciled.
1.476s Ready to serve.
```

```
Service 'hello-example' updated with latest revision 'hello-example-nfwgx-3'
➥ (unchanged) and URL: http://hello-example.example.com
```

清单 2.10 中的参数 `--traffic` 允许在两个修订版本间按照百分比分流。注意，关键是所有的流量比例加起来必须是 100。如果流量比例是 50 和 60，那么 Knative 会返回"`given traffic percents sum to 110, want 100.`"。同样，如果流量比例是 50 和 40，那么 Knative 会返回"`given traffic percents sum to 90, want 100.`"。我们必须保证流量比例是正确的，并且其和是 100。

这个有效吗？我们可以尝试一下，如清单 2.11 所示。

清单 2.11　调用程序 hello-example

```
$ curl http://hello-example.example.com
Hello Second!

$ curl http://hello-example.example.com
Hello world: Second
```

流量配置生效了！流量会分配给各个修订版本。

50/50 是一种分流方式，你可以按照意愿随意分流。假设当前服务有 `un`、`deux`、`trois` 和 `quatre` 修订版本，则你可以按照清单 2.12 所示进行分流。

清单 2.12　四路均分流量

```
$ kn service update french-flashbacks-example \ --traffic un=25 \
  --traffic deux=25 \
  --traffic trois=25 \
  --traffic quatre=25
```

或者，你可以给 `quatre` 分配少量流量以检验其功能，而将大多数流量分配给 `trois`，如清单 2.13 所示。

清单 2.13　线上版本和预发版本

```
$ kn service update french-flashbacks-example \ --traffic un=0 \
  --traffic deux=0 \
  --traffic trois=98 \
  --traffic quatre=2
```

你不需要明确指出流量比例为 0 的修订版本。清单 2.14 所达到的效果和清单 2.13 一样。

清单 2.14　默认配置流量比例为 0 的版本

```
$ kn service update french-flashbacks-example \
  --traffic trois=98 \
  --traffic quatre=2
```

最终，如果版本 quatre 准备就绪，则可以将流量全部导到@latest 上。清单 2.15 展示了这个修改。

清单 2.15　导流至 @latest

```
$ kn service update french-flashbacks-example \
  --traffic @latest=100
```

2.2　服务模块

之前承诺的，本书将花费时间探索 Knative 服务模块的内部实现。第 1 章解释了基于控制循环的概念构建 Knative 和 Kubernetes 的过程。一个控制循环包含了期望世界和真实世界比较的机制，然后采取行动消除两者间的间隙。

但这是一个"上纲上线"的解释。控制循环的内容需要通过实际的软件行为来使之具体化。Knative 服务模块按照边界可以划分为四个组：

- 协调器（Reconciler）——作用于面向用户的行为，例如服务、修订版本、配置和路由，以及底层的一些行为。

- 网络钩子（Webhook）——验证和丰富用户提供的服务、配置和路由。

- 网络控制器（Networking Controller）——配置 TLS 验证和 HTTP 路由。

- 自动缩放器/激活器/流量代理三件套——管理业务语义并且反馈到流量配置上。

2.2.1　控制器和协调器

我们先花费一些时间讨论一下命名规则。Knative 中有一个组件名字是 controller，这是一个单独的协调器的集合。协调器在这个场景中是控制器，如第 1 章中所讨论的：根据期望世界和真实世界的差异来反馈改变的系统。所以，协调器是控制器，但 controller 不是控制器。你理解了吗？

没有理解？你是不是想知道为什么名字会不一样？最简单的答案是：避免这种谁是谁的困惑。这可能听起来很愚蠢。你可以尝试一下，笔者保证很快就会揭晓答案。

从顶部设计来说，实际运行的进程是由 Kubernetes 来管理的，Knative 服务模块仅提供一个控制器。但从逻辑处理来说，Knative 服务模块在单个物理 controller 进程中以协程的形式运行了多个控制器（见图 2.1）。此外，协调器是 Go 语言的接口，即控制器模式是按照这个接口实现期望的。

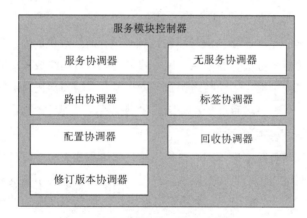

图 2.1　服务模块控制器及其协调器

如此我们就无须纠结"控制器的控制器"和"运行在控制器上的控制器"，或者其他奇怪的命名方式了。这里只有两个名字：控制器和协调器。

每个协调器都负责 Knative 服务模块某些方面的工作，这些协调器可以被归为两类。第一类很容易理解，即负责管理面向开发者的资源。因此，这些协调器被称为配置协调器、修订版本协调器、路由协调器和服务协调器。

例如，当你使用 kn service create 时，调用的第一步是服务协调器将服务记录启动起来。当你使用 kn service update 创建分流时，实际上是路由协调器在工作。在接下来的章节中，我们会继续探索这些控制器。

第二类协调器在后台执行基本的底层任务。这些协调器包含标签（labeler）协调器、无服务器服务（serverlessservice）协调器和垃圾回收（gc）协调器。标签协调器负责处理一部分网络工作，它实质上是在 Kubernetes 对象上设置和维护标签，网络系统可使用这些标签来配置流量。

无服务器服务协调器负责激活器的一部分工作。它对无服务器服务记录做出反馈并进行更新。这些主要涉及 Kubernetes 环境中的网络配置。

最后，垃圾回收协调器执行垃圾回收任务。你不用关心它。

2.2.2　网络钩子

系统出现问题。大量软件工程师的重点是在问题真的出现后，他们至少可以选择最短的痛苦时刻，或者至少可以享受片刻的"微博时光"。类型系统、静态分析、单元测试、代码检查或模糊测试，这些工具不断出现。程序员屈从于这些工具，因为解决生产环境的致命错误要比阿加莎·克里斯蒂（Agatha Christie）想象的更无趣。

在运行时（Runtime）这个层面，服务模块依赖于运行时所提供的有关需要管理的事物（例如，服务），以及你希望服务模块的通用表现方式（例如，自动缩放器配置）的信息的完整性和有效性。由此，网络钩子诞生了。网络钩子可以验证并校验用户提交的资源（如服务）。像控制器一样，它实际上是一组逻辑过程，这些逻辑过程被收集到一个物理进程中，方便用户部署。

网络钩子这个名称具有欺骗性，因为它描述的是实施方式而非实际目的。如果你熟悉网络回调，则可能会认为网络钩子的目的是回调用户提供的接口。事实不是这样的，或者说网络钩子可能是可以"ping"的一个接口。这个答案更接近，但仍然不准确。准确地说，这个名称来自 Kubernetes 中的一个角色——"准入回调"（Admissions Webhook）。在处理 API 提交时，Knative 的网络钩子被注册为检查和修改 Knative 服务资源的委托验证。一个更好的名字或许是"验证和注释清算中心"或者"失败或修复中心"。但最终我们选择了网络钩子这个名称。

网络钩子的主要角色包括：

- 设置默认配置，包括超时、并发限制、容器资源限制和垃圾收集时间的值。这意味着你只需要设置要覆盖的值即可。本书将在需要时进行相关介绍。

- 将路由和网络配置注入 Kubernetes。

- 校验用户配置的正确性。例如，网络钩子将拒绝负数的并发限制。必要时本书会参考这些。

- 修复部分容器镜像以加上摘要信息。例如，`example/example:latest` 解析完后会包含摘要信息，因此解析后的镜像地址是 `example/example@sha256:1a4bccf2...`。本书后续会再次讨论这个问题，但通常来说，这是 Knative 做得最好的事情之一，而且网络钩子值得因此被称赞。

2.2.3　网络控制器

Knative 的早期版本直接依赖 Istio，Istio 是由谷歌、Lyft 和 IBM 创建的广为人所知的服务网格工程，其目的是实现核心网络功能。当前版本依赖 Isito 的现状并没有彻底改变。Knative 项目提供的默认安装方案会将 Istio 作为组件，而 Knative 也会使用 Istio 带来的一些功能。

然而，随着 Knative 的发展，Knative 已经从 Istio 中提取了很多的网络逻辑。这样做的目的是让 Istio 具有可替代性。Istio 可能适合你的场景，但其功能过于丰富导致其过于笨重。另一方面，你的标准 Kubernetes 环境可能已经具备 Istio，而 Knative 可以延用 Istio。

Knative 服务模块要求网络控制器具备两个基本功能：证书（Certificate）和流量入口（Ingress）。

1. 证书

TLS 证书对于现代互联网的安全性和性能至关重要，但存储和发送 TLS 证书始终不是很方便。Knative 不直接提供 TLS 证书，而是提供所需 TLS 证书信息的抽象。

例如，TLS 证书仅在特定的域名或 IP 地址上使用。在创建证书时，`DNSNames` 字段用来指定该证书应在哪些域中有效。符合要求的网络控制器会获取这些信息并且创建其所需的相关信息。

本书不会深入探讨 TLS 证书，主要是因为它完全取决于你如何安装 Knative，以及安装了哪些帮助程序系统。这部分工作主要由封装 Knative 的平台提供商来实现。

2. 流量入口

路由流量始终是无法避免的事物之一。在你的系统边界处的某个地方会遇到流量。在 Knative 中，这个地方就是流量入口 [1]。

流量入口控制器（Ingress Controller）是整个 Knative 系统的唯一入口。这些控制器会把 Knative 抽象的路由信息转换为其所需的路由结构的特定配置。例如，默认的 `network-istio`

---

[1] 与 Kubernetes 中的 Ingress 有所不同。

控制器会把 Knative 流量入口配置转换为 Istio 网关。

2.2.4　自动缩放器、激活器和队列代理

由于这些组件互相紧密协作，因此本书将这三个组件归为同一专题（见图 2.2）。

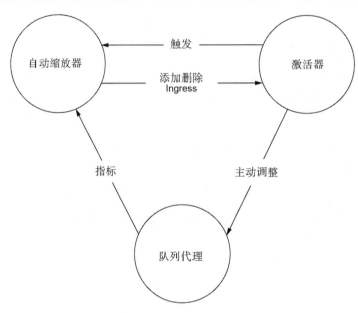

图 2.2　自动缩放器、激活器和队列代理三件套

自动缩放器最容易做以下梯度工作：观察服务需求，计算满足服务所需的实例数量，更新服务的规模并且反馈计算结果（见图 2.3）。你可能已经注意到这是一个监督控制循环，它期望的理想情况是"服务需求与实例之间的差异最小"。它输出的是一个可以达到理想情况的数字。

值得注意的是，Knative Pod 的自动缩放器是通过水平扩容的方式来完成操作的：当实例数需求增加时，协调器会启动更多的软件副本。垂直扩容的意思是在软件上增加额外的计算资源。通常来说，垂直扩容更简单，即用户只需为一台性能更强大的机器支付费用。但垂直扩容成本是高度非线性的，并且可以达到的目标总会有上限。水平扩容通常需要有精密计算的体系结构决策系统才能实现。一旦实现，它可以比任何一台机器都能够应对更高要求的需求。Knative Pod 的自动缩放器假设用户的集群可以快速启动和销毁实例，以保证其不会造成过度破坏。

当服务没有流量时，自动缩放器计算出的所需实例数会变为零。在新的请求到来之前都没有问题，但当新的请求到来时，此时是没有实例监听的。我们可以合理给请求返回 HTTP 503，

即服务不可用状态；甚至可能会提供 Retry-After **Header** 头来标志重试。问题在于：

（1）用户讨厌这一点。

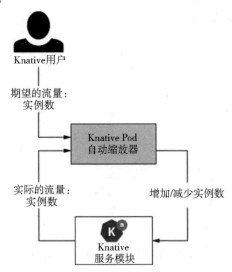

图 2.3　Knative Pod 自动缩放器的控制循环

（2）大量上游软件都认为网络请求是神奇而完美的，并且永远不会失败。它们要么给用户直接返回失败，要么更大的可能是忽略 Retry-After，直接将流量转到服务上。

（3）只不过这些会被用户截屏并发送到 Reddit（某娱乐网站上）上被取笑。

那么，当没有实例在运行时我们该怎么办——如何实现可怕的冷启动呢？在这种情况下，激活器会成为流量兜底的目标。流量入口会把没有存活实例的路由的流量发送到激活器中。

因此，在图 2.4 中，我们可以看到：

①流量入口收到新请求后，会将请求发送到其配置的目标，即激活器中。

②激活器将新请求放入缓冲区。

③激活器通知自动缩放器两件事：第一，带上当前缓冲区等待请求的信息；第二，通知信号会提示自动缩放器做出立即扩容的决定，而不是等待。

④考虑当前有一个请求在等待服务，但又没有实例可为其服务，自动缩放器决定启动一个实例，并且为服务模块设置了新的规模目标。

⑤当自动缩放器和服务模块完成工作时，激活器轮询服务并且查看是否有实例处于存活状态。

⑥服务模块的工作是让 Kubernetes 启动一个实例。

⑦激活器通过轮询得知当前实例可用，将请求以代理的形式从其缓冲区发送给服务。

⑧代理组件将请求发送至实例，并且以通用的形式做出响应。

⑨代理组件将响应发送给流量入口，然后流量入口返回给请求者。

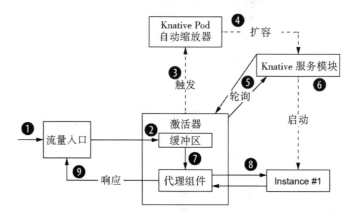

图 2.4　管理冷启动的激活器的作用

这是否意味着所有流量都会流经激活器？显然不会。在从"无实例"到"足够的实例"的过渡过程中，激活器会存在流量路径上。但只要自动缩放器满足了当前需求的容量，它就会更新流量入口，将流量目标从激活器更改为实际的运行实例。这时，激活器不再承担流量。

流量入口更新的确切时间主要取决于堆积了多少流量，以及启动实例为其服务所需的时间。你可以想象一下，假设有 10000 个请求到达，然后激活器在第一个实例启动后就直接将这些请求转发到服务上，这会是怎样的情景？取而代之的是，激活器会限制它代理的流量数，直到服务实例数赶上请求的需求量。然后，一旦请求顺利进行，自动缩放器就会从流量路径中删除激活器。

三件套的最后一个组件是队列代理。队列代理是介于实际软件和到达流量之间的一个轻量级的代理服务。服务的每个实例都有自己的以边车（sidecar）方式运行的队列代理。这样做的原因是，第一，队列代理会为请求提供一个较小的缓冲区，并且让激活器可以清楚地了解到请求已被接收并处理（这称为"正向脱手"）。第二，队列代理会为流入和流出服务的请求添加追踪（tracing）和监控（metrics）。

2.3　总结

- `kn` 是用于和 Knative 交互（包括服务模块）的 CLI 工具。

- `kn service` 可用于查看、创建、更新和配置 Knative 服务，包括在各个修订版本之间分配流量。

- Knative 服务模块有一个控制器进程，实际上这是被称为"协调器"组件的集合。协调器可用作反馈控制器。
- 协调器主要用于服务模块的核心类型（服务、路由、配置、修订版本），以及占位协调器。
- Knative 服务模块有一个 Webhook 流程，可以拦截你提交、创建和更新的记录。然后，它可以验证提交内容并注入额外的信息。
- Knative Pod 自动缩放器是一个反馈控制循环。它可以比较流量比例，计算实际所需的实例数，并交由服务模块控制器来扩/缩容。
- 激活器会被分配到没有可用实例的流量路由上。这个分配由自动缩放器完成。
- 当有新请求时，激活器负责通知自动缩放器触发自动扩容。
- 在实例变得可用时，激活器仍会保留在流量路径上来为流量限流，起到缓冲的作用。
- 当自动缩放器认为有足够的实例数满足请求需求时，它会通过更新流量入口配置来从流量路径中删除激活器。
- Knative 服务模块的网络是高度可插拔的，其核心实现共提供了两个功能：证书和流量入口。
- 证书控制器接收所需的证书定义，提供新的证书定义或将已存的证书映射到你的软件。
- 入口控制器接受路由并将其转换为底层的路由或流量管理配置。
- 入口控制器的实现包括 Istio-Gateway、Gloo、Ambassador 和 Kourier。

第 3 章
配置和修订

本章主要内容包括：

* 简要介绍部署历史。

* 详细介绍配置。

* 详细介绍修订版本。

本章的重点是 Knative 服务模块：配置和修订版本的使用与配置。本章先介绍软件部署的历史，从早期软件到当前思维领导力（Thought Leadership）的时代。

在介绍完软件部署的历史之后，将介绍配置。配置是在 Knative 中描述部署软件和软件运行行为的主要方式。配置的内容非常简短，因为大部分配置都是为了简化修订版本而存在的。

关于修订版本的讨论篇幅会比较长，因为涉及很多基础。内容涵盖：容器、镜像、命令行、环境变量、存储卷、端口和探测、并发及超时。如果你对该部分内容比较熟悉，那么可以跳过该部分，需要时再参考。

在开始之前，先明确一个关键概念：只有在创建或修改配置时才会创建修订版本，修订版本没有自己额外的内容。查看本章目录，你可能会认为配置和修订版本可以分开独立配置，但实际上不是这样的，修订版本中的信息是由配置自动生成的，修订版本是配置的快照。如果感到疑惑，请牢记开始的概念：只有在创建或修改配置时才会创建修订版本。

3.1　记录历史发布记录并对其进行发布

也许你还记得早餐吃的东西，也许忘记了。如果在午餐时间感到胃不舒服去看医生，那么早餐所吃的食物就会成为诊断依据。你可能会说："好吧，我现在不饿，所以我想我吃了点东西，但是我不确定吃了什么"。实际上这对于诊断并没有什么实质帮助（你可能会得到一些医药费账单）。

Kubernetes 通过自身的系统组件维护集群处于永久的稳定运行状态。当期望的状态发生变更时，它将采取行动来协调变更，使用者通常不用关注这些。所以当使用者想要回滚到变更之前的状态时，是有些困难的[1]。

像医生诊断一样，我们需要查找是什么导致了当前的现状，以定位原因或者解决问题。当没有历史记录时，问题回溯起来的难度可想而知。

这也促使 Kubernetes 支持用于设置或者读取历史信息的机制，比如：

- 各种字段、注解和元数据（如 kubernetes.io/change- cause）直接在 Kubernetes 特定的记录上提供有限的历史或因果信息。
- Kubernetes 提供的内置部署（Deployment）机制会在其控制的副本集（ReplicaSets）上维护 deploy.kubernetes.io/revision 批注，该批注提供了部分部署历史记录。
- 可以配置 Kubernetes 审计系统来记录非常详细的更改日志，从而可以重新构建历史版本，如 Kubernetes API 服务器所记录的那样。
- 在应用发布到 Kubernetes 集群之前通过 GitOps 工具记录相应的版本信息，用于回滚。
- 专业的历史/可视化工具，如 Salesforce 的 Sloop。
- 还有大量由其他供应商提供的类似的可观察性工具或监视工具。

从广义上讲，这些机制可以满足两个相关但截然不同的目的：

- "集群的发布历史是什么？它是如何达到目前的状态的？"以前的解决方案无法完全解决这些问题。这些解决方案要么专注于对期望状态的记录（Sloop、GitOps），要么专注于对实际状态的记录（指标和日志），或者某些不完整的组合（Kubernetes 审计系统 Audit），但都不是两者兼而有之。
- "我可以回到过去吗？"当软件的当前版本出错，而先前的版本并没有这个错误时，我们需要切换回先前的版本。从集群的整体结构到开发人员，都需要时间。因为回滚到以前的版本可以采用多种形式：git revert、灰度分析、GitOps 和许多其他途径。

1　笔者的说法可能存在争议，其实有很多方法可以了解历史：比如日志、Kubernetes 事件等。但这些可能是短暂的。

Knative 服务模块想要实现一种更通用的回滚方式。仅运行一个历史版本是不够的，Knative 想要的是同时运行多个历史版本。比如软件有 1、2、3 三个版本，Knative 希望能够同时运行三个版本的任意组合（只有版本 1，只有版本 2，同时运行版本 2 和版本 3）。而且希望能够随时更改这些组合。

多个版本同时发布，这得多大的难度，先别急，继续往下看。

3.2 部署版本的概念

当软件出现问题时，我们一般会有两种反应：

- 到底是哪里出错了→找出原因。
- 当前的修改有问题→需要回滚。

后者确实是我们需要关注的重点，这是一个老生常谈的问题。生产环境中是不允许随意宕机数个小时的。通常有如下几种情形。

- 情形一：系统崩溃，开发者被解雇。
- 情形二：系统更改时会断服。
- 情形三：系统的损坏是由变动过程中人为错误导致的，或者更改的方式有问题，又或者改动导致的系统其他变更等。
- 定理一：因此，不发布变更就好了，事情完美解决，但是，这个解决方式往往不是老板希望的。
- 情形四：我们需要系统能够与 Grot-O-Matic 7.36 集成，因为我们的客户每 24 小时就会修改一次应用代码并重新发布。当然，如果做不到这一点，你就会被解雇。
- 定理二：我们要做些改变，否则我们就被解雇了。如果系统崩溃了，那么开发人员就会被解雇。
- 定理三：一定要谨慎加小心，当应用发生变更时，要用文档记录下来（这是应用作者自行变更的，与平台无关）。

对于这种情况，许多公司都有自己的变更批准委员会，并要求潜在的变更者以统一的方式解释他们变更的原因。通常会每个季度允许一次变更的合入，如果你足够幸运，那么你的变更有可能在禁止合入截止前合入。不过，你可能很快意识到代码是错误的。

后来，我们开发了工具来解决这些痛点，比如版本控制系统。版本控制系统已经以各种形式存在很久了，只不过当 Git 和 GitHub 出现后，这些才成为标准。与此同时，开发人员也开始演化出持续集成与持续部署的概念。这里出现了三种新的可能性：蓝/绿部署、金丝雀部署和渐进式部署。

3.2.1　蓝/绿部署

假如你的软件版本已经在运行并且为流量提供服务,那么我们叫它蓝色版本(Blue)（见图 3.1）。

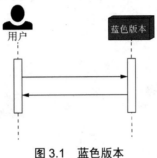

图 3.1　蓝色版本

此刻如果想部署第二个新版本,那么我们可以叫它绿色版本（Green）。

第一种部署方法可能是停止蓝色版本,然后部署绿色版本。停止蓝色版本和部署绿色版本之间的时间是计划停机时间（见图 3.2）。大概就是定理二提到的实际状态。

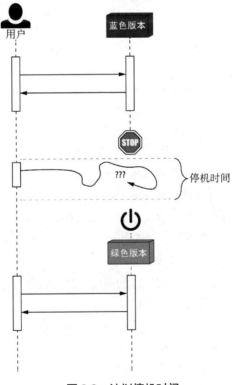

图 3.2　计划停机时间

计划停机时间仍然是停机时间（业务会断服）。如果不需要先停止蓝色版本就好了。多亏了负载均衡器、代理、网关和路由器的能力，我们不必先停止蓝色版本。我们所做的（见图 3.3）是：

①启动绿色版本。

②将流量切换到蓝色版本。

③停止蓝色版本。

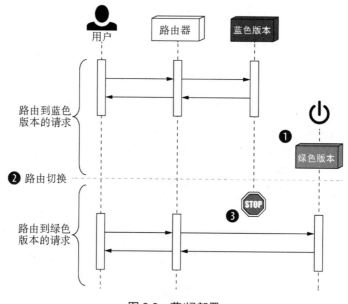

图 3.3　蓝/绿部署

从图 3.3 中可以看到，有些工具会在蓝色版本和绿色版本之间打钩来选定某个版本作为运行版本，多个版本之间轮流进行升级。这种方式很受欢迎，因为所有软件需要做的就是通过某种名称或者标签来查看生产环境中的内容（比如，可以看到当前环境中正在运行的版本是绿色版本），并选择另外一个值（升级过程中将要升级的版本叫作蓝色版本）。管理蓝/绿部署的系统并不关注每个版本内部具体是什么内容。

其他系统更喜欢保持含义稳定。正在运行的系统始终为蓝色版本，下一个版本始终为绿色版本。这很方便，只要每个版本都有特性的记录即可。

保证业务不断服升级是使用蓝/绿部署的基本动机。除此之外，还有其他好处。一是可以在切换到蓝色版本之前确保绿色版本运行稳定。或者，如果绿色版本运行效率不高，那么我们可以更容易地将系统回滚到蓝色版本。为了确保快速回滚，我们可以让蓝色版本先运行一段时间，等绿色版本稳定运行一段时间后再切换。

不足之处

蓝/绿部署及其后继者的美中不足之处在于，如果想将用户会话固定到软件的特定实例上（也称为会话黏性），则是比较困难的。如果用户 A 总是转到实例 B，那么开发人员就可以在内存变量中保存用户的相关信息了。这不是软件内部需要解决的事情。用户会话状态通常委托给一些外部数据存储，如数据库或缓存系统。有时，会话状态会被压缩到带有加密负载的 HTTP cookie 中。无论哪种方式，都意味着任何请求可以转到任何实例并获得相同的服务。但是目前依然有一些软件是依赖会话黏性的。在这种情况下，就需要添加额外的步骤来耗尽会话，或者将会话重新定位到另一个实例上。强烈建议将应用的会话与实例解除关联。

3.2.2 金丝雀部署

蓝/绿部署应该是目前生产环境中软件部署所能接受的最小的限度，也被称为"持续部署"。如果做得好，那么蓝/绿部署是一种安全的软件部署方式。

但像许多保守的、超安全的系统一样，它可能是浪费的。例如，假设我的生产系统始终被称为蓝色版本，而我的下一个版本始终被称为绿色版本。

在生产环境稳定的状态下，我们需要足够的容量来运行蓝色版本。但在蓝/绿部署期间，则需要足够的蓝色版本和绿色版本容量。事实上，除此之外，可能还需要额外的容量来处理诸如数据库迁移、将文件下载到绿色版本的新实例、由于新的绿色版本功能而产生的额外消耗等问题，以及控制平台由于切换到绿色版本而产生的额外消耗。当然，为了安全起见，我们会保留蓝色版本，直到确定绿色版本不需要回滚为止。

现在有两种不同的考虑。第一是效率；第二是安全。金丝雀部署有助于解决这两个问题。

在金丝雀[1]部署中，我们实际上推出了一个缩小规模的绿色版本样本与蓝色版本一起运行（见图 3.4）。例如，在正常情况下，我们可能会部署 100 个软件副本。我们可以从 100 个蓝色版本和 1 个绿色版本开始部署，而不是在切换过程中使用 100 个蓝色版本和 100 个绿色版本。这个单一的副本是"金丝雀"。

我们没有将所有流量都切换到绿色版本上，而是先切换一小部分流量，看看会发生什么。然后我们可能会将绿色版本的副本数量增加到 10 个。如果绿色版本的运行结果符合预期，那么我们将继续完全部署绿色版本。然后把所有的流量从蓝色版本切换到绿色版本上，并立即移除蓝色

---

1 这里的金丝雀指的是维多利亚时代煤矿工人带到深坑的鸟类，并且有人认为，这也是当时技术探测的标准。 一氧化碳，有点像在主题演讲中宣布的蒸气器皿，无色、无味、致命，并且生成缓慢。 金丝雀很小，会比矿工早死，因此使用金丝雀可以在一氧化碳泄露的早期得到预警。

版本。毕竟，我们的"金丝雀"确定绿色版本是正常的，所以回滚速度不是重要的考虑因素。

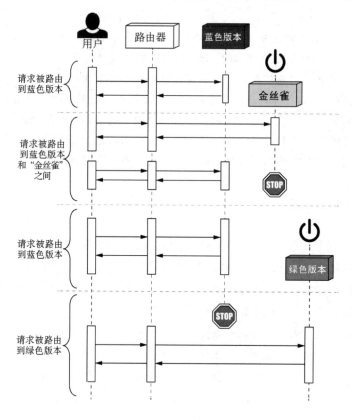

图 3.4　金丝雀部署

3.2.3　渐进式部署

请注意，蓝/绿部署依然很耗费资源，因为使用蓝/绿部署的时候资源容量使用的峰值达到了大约稳态水平的两倍。所以现在引入第三种升级方式：渐进式部署。

在渐进式部署中，容量消耗水平更接近稳定状态（见图 3.5）。假设我们有 100 个蓝色版本实例，首先对单个实例而不是整个系统进行蓝/绿部署。之后，我们有 99 个蓝色版本和 1 个绿色版本。我们将这 1 个绿色版本实例作为"金丝雀"运行了一段时间。如果运行结果符合预期，那么我们会执行另一个蓝/绿部署，这次是 9 个绿色版本实例。之后，我们有 90 个蓝色版本和 10 个绿色版本。最后，我们完成整个绿色版本的升级（100 个），同时停用蓝色版本。

这里有很多排列。例如，为了限制资源用量峰值激增，需要每次升级一个实例（或每次升级固定百分比的实例），而不是对整个软件池中的实例执行蓝/绿部署。渐进式部署本质上是拆分流量后出现的。它通过"金丝雀"限制风险，并通过一次升级一小部分来限制资源利用率。

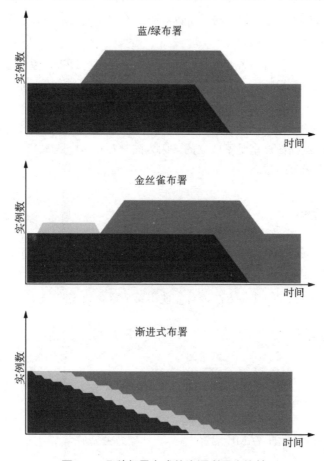

图 3.5　几种部署方式的资源利用率比较

3.2.4　回到未来

那么 Knative 服务模块有什么作用呢？可以用于蓝/绿部署、金丝雀部署？还是渐进式部署。答案是所有。

在之前的讨论中谈论了两个主题：集群历史和安全、高效的部署。Knative 服务模块着手通过两种核心类型来回答这些问题：配置和修订版本。两者的联系是每个修订版本是一个配置的快照，而配置是最新修订版本的模板。一个经常使用的类比是 Git：可以将每个修订版本视为一个特定的提交。那么配置就是修订分支的 HEAD。

这个设计是如何与之前的讨论联系起来的呢？让我们来回顾一下：

- 集群历史：修订版本表示随着时间推移的配置快照，提供系统的部分历史。
- 升级回滚与部署：多个修订版本可以接收同个流量入口的流量。允许蓝/绿部署、金丝雀部署和渐进式部署模式。

不过这里稍有不同。之前部署业务是一个具有二元结果的过程，系统运行了版本 N，然后发生了一些事情，之后运行版本 N+1。某段时间可能两个版本都存在，但最终状态是只有一个版本存在。

Knative 服务模块简化了上述部署的流程，可以根据需要运行任意数量的修订版本。这意味着传统的二元结果的过程在这里是不成立的（因为同时存在多个版本）。部署现在是一个模糊的概念，而不是一个确定的状态。

3.3　剖析配置

到目前为止，本章一直没有详细展开配置的细节。首先介绍一下 kn，避免讲解过于 Kubernetes 化。当然最容易理解的方式，还是要看一下配置的 YAML 描述。

下面介绍 kn 和 YAML 的使用方法，首先使用第 2 章介绍过的 kn。

清单 3.1　第一种方式

```
$ kn service create hello-example \
  --image gcr.io/knative-samples/helloworld-go \
  --env TARGET="First"
```

下面是与上述 kn 等效的 YAML 配置。

清单 3.2　第二种方式

```
apiVersion: serving.knative.dev/v1
kind: Configuration
metadata:
  name: helloworld-example
spec:
  template:
    spec:
      containers:
      - image: gcr.io/knative-samples/helloworld-go
```

```
env:
- name: TARGET
  value: "First"
```

kn 中声明的参数在 YAML 中都有体现。比如 name、container、env 等。除此之外，还有其他的一些元素（YAML 文档的特定声明、缩进等）。

这个 YAML 文档并不是给 kn 用的。熟悉 Kubernetes 的人应该知道，YAML 文档通常是使用 kubectl apply[1] 来提交的。YAML 文档中包含 Kubernetes 支持的字段，比如 apiversion Kind 主要用来指定资源类型，以便触发指定资源的控制器来执行创建或更新操作。metadata 实际上是 Kubernetes 中可以存储多种信息的类型，此处我们只提供了 name 字段。接下来介绍 spec.template.spec。

清单 3.3　我们熟悉的 spec 定义

```
spec:
  template:
    spec:
```

清单 3.3 不是随便写的，上述代码包含三部分：

- 最外层的 spec 属于 Configuration 的一部分，spec 的规范是 Kubernetes 的约定，表示的是期望状态。
- template 实际上是一个 RevisionTemplateSpec，稍后会详细介绍。
- 内部的 spec 是一个 RevisionSpec，也就是修订版本的 spec。

从上述的 YAML 可以看出，template 中的内容表示的是修订版本。不仅如此，修改 template 还会产生新的修订版本。

从第一次开始提交配置就是如此。通过原生 kubectl 可以看到这个过程，如下所示。

清单 3.4　使用原生 kubectl

```
$ kubectl apply -f example.yaml
configuration.serving.knative.dev/helloworld-example created

$ kubectl get configurations
```

1　在底层，kn 和 kubectl 做的事情是一样的。它需要一个 YAML 文档，将其发送到 Kubernetes API 服务器。

```
NAME                   LATESTCREATED                 LATESTREADY                 READY
helloworld-example helloworld-example-8sw7z   helloworld-example-8sw7z   True

$ kubectl get revisions
NAME                        CONFIG NAME          K8S SERVICE NAME          READY
helloworld-example-8sw7z   helloworld-example   helloworld-example-8sw7z   True
```

省略 GENERATION 和 REASON 两列的信息

　　可以看到，通过提交配置，触发服务模块创建了一个修订版本。这个修订版本和通过 kn 创建的没有太大区别，都可以通过 kn revision list 来查看。

清单 3.5　使用 kn revision list

```
$ kn revision list
NAME                        SERVICE   AGE      CONDITIONS READY
helloworld-example-8sw7z             2m24s    3 OK / 4   True
```

省略 GENERATION 和 REASON 两列的信息

　　你可能会注意到 CONDITIONS（值为 3 OK/4）。其实这并不意味着修订版本失败了四分之一。而是指当没有流量的时候，修订版本的规模缩容到零。下面展示如何通过 kn revision describe 来查看修订版本的详情。

清单 3.6　使用 kn revision describe 来查看修订版本的详情

```
$ kn revision describe helloworld-example-8sw7z
Name:              helloworld-example-8sw7z
```

省略中间部分

```
Conditions:
  OK TYPE                 AGE REASON
  ++ Ready                2d
  ++ ContainerHealthy     2d
  ++ ResourcesAvailable   2d
```

```
I Active                      2d NoTraffic
```

需要注意的是，上述"++"表示 OK。从上到下有 3 个"++"，所以值是 3 OK/4。

除了可以通过创建服务或配置来创建修订版本，还可以通过修改服务或配置来创建修订版本。在第 2 章中我们展示了通过 kn service update 来修改服务内容，具体如下所示。

清单 3.7　使用 kn 来修改服务内容

```
$ kn service update hello-example --env TARGET=Second
```

修改服务和修改配置都会生成新的修订版本，这等价于修改相应的 YAML 文档，如下所示。

清单 3.8　第二个 YAML

```
apiVersion: serving.knative.dev/v1
kind: Configuration
metadata:
  name: helloworld-example
spec:
 template:
  spec:
   containers:
   - image: gcr.io/knative-samples/helloworld-go
     env:
     - name: TARGET
       value: "Second"
```

再次通过 kubectl 提交这个 YAML 文档，如下所示。

清单 3.9　使用 kubectl apply 来修改修订版本

```
$ kubectl apply -f example.yaml
configuration.serving.knative.dev/helloworld-example configured

$ kubectl get configurations
NAME                  LATESTCREATED              LATEST                      READY
helloworld-example helloworld-example-j4gv5   helloworld-example-j4gv5   True
# 省略 REASON 一列的信息

$ kubectl get revisions
```

```
NAME                          CONFIG NAME            GENERATION  READY
helloworld-example-8sw7z      helloworld-example     1           True
helloworld-example-j4gv5      helloworld-example     2           True
# 省略 K8S SERVICE NAME 和 REASON 两列的信息
```

现在可以看到两个修订版本，不过配置只有一个（名为 `helloworld-example`）。还可以看到一个有用的信息 generation，这是创建修订版本时创建的，generation 是递增的数字。每个修订版本的数字都高于之前的修订版本，但 generation 并不是连续的，因为有可能删除了其中某个修订版本。

3.3.1 配置的状态

到目前为止，我们介绍了配置的 spec（第 1 章提到的期望状态）和 status（第 1 章提到的实际状态）status 是由配置协调控制器来控制的，表示配置的实际状态。我们可以通过 kubectl 和 jq 查看配置的 status，如下所示[1]。

清单 3.10　使用 kubectl 和 jq 查看配置的 status

```
$ kubectl get configuration helloworld-example -o json | jq '.status'
{
  "conditions": [
    {
      "lastTransitionTime": "2019-12-03T01:25:34Z",
      "status": "True",
      "type": "Ready"
    }
  ],
  "latestCreatedRevisionName": "helloworld-example-j4gv5",
  "latestReadyRevisionName": "helloworld-example-j4gv5",
  "observedGeneration": 2
}
```

1　这个使用 jq 拼接 kubectl 输出的例子是一个试金石。一方面，有的人认为 "UNIX 管道是软件设计的高水平"，对他们来说，像 CLI Smaug 那样使用单行是正确和值得的。另一方面，还有像笔者这样追求人机界面的人，他们怀有激进的观念，即被允许做一些烦琐的工作而不必学习 "另一种迷你语言"。举这个例子是为了说明为什么 Knative 是必要的。

从上面的结果可以看到两组基本信息。第一组信息是 conditions，本书后续会详细解释。第二组信息是 latestCreatedRevisionName、latestReadyRevisionName 和 observedGeneration。

下面从 observedGeneration 开始介绍。每个修订版本都有一个 generation 字段，这个字段就来自 observedGeneration。当更新配置时，observedGeneration 值就会增加。当新的修订版本产生时，会使用该编号作为自己的 generation。

latestCreatedRevisionName 和 latestReadyRevisionName 在这里是相等的，但并不一定相同。因为创建的修订版本并不一定能正常运行起来。这两个概念是有区别的（Created 和 Ready）。在 Knative 实践环境中，可以通过这两个字段查看下游控制器控制修订版本的过程。

这些字段对于调试很有用。如果更新了配置，却发现实际和预期不符，则可以查看这些字段。比如，将配置从 foo-1 更新到 foo-2，但发送请求时没有看到任何变化。此时，如果看到 latestCreatedRevisionName 是 foo-2，但 latestReadyRevisionName 是 foo-1，那么就可以知道 foo-2 有问题，接下来就可以重点查看 foo-2 的问题了。

3.3.2　通过 kubectl describe 查看配置

细心的你可能已经注意到了，kn 中谈到了服务，不过我们这里讨论的是配置。实际上，kn 并没有将配置视为一个独立的概念，而是将配置作为服务的子项。鉴于 Knative 的目标是优化开发人员的体验，这样设计其实是非常合理的。

下面通过 kubectl describe 查看配置。

清单 3.11　通过 kubectl describe 查看配置

```
$ kubectl describe configuration helloworld-example

Name:        helloworld-example
Namespace:   default
Labels:      <none>
Annotations: serving.knative.dev/creator:
             ➥ jacques@example.com
             serving.knative.dev/lastModifier: jacques@example.com
API Version: serving.knative.dev/v1
Kind:        Configuration
Metadata:
  Creation Timestamp: 2019-12-03T01:17:28Z
  Generation:         2
  Resource Version:   8778016
```

注释是附在记录上的键值元数据。在这里你可以看到 Knative 服务模块识别出了笔者是创建和最后修改的用户。

generation 值可以在元数据（Metadata）下看到。

```
Self Link:
    ➥ /apis/serving.knative.dev/v1/namespaces/default/configurations/
    ➥ helloworld-example
  UID:                      ac192f54-156a-11ea-ae60-42010a800fc4
Spec:
  Template:
    Metadata:
      Creation Timestamp:  <nil>
    Spec:
      Container Concurrency:  0
      Containers:
        Env:
          Name:   TARGET
          Value:  Second
        Image:    gcr.io/knative-samples/helloworld-go
        Name:     user-container
        Readiness Probe:
          Success Threshold:  1
          Tcp Socket:
            Port:  0
        Resources:
      Timeout Seconds:  300
Status:
  Conditions:
    Last Transition Time:       2019-12-03T01:25:34Z
    Status:                     True
    Type:                       Ready
  Latest Created Revision Name: helloworld-example-j4gv5
  Latest Ready Revision Name:   helloworld-example-j4gv5
  Observed Generation:          2
Events:
  Type    Reason              Age    From                     Message
  ----    ------              ----   ----                     -------
  Normal  Created             14m    configuration-controller
    ➥ Created Revision "helloworld-example-8sw7z"
  Normal  ConfigurationReady  14m    configuration-controller
    ➥ Configuration becomes ready
  Normal  LatestReadyUpdate   14m    configuration-controller
```

我们的好朋友 spec.template.spec
又出现了。

我们的另一个好朋友 status
也出现了。

事件是事情发生时
报告给 Kubernetes
的日志。

```
➡ LatestReadyRevisionName updated to "helloworld-example-8sw7z"
Normal Created                6m28s   configuration-controller
➡ Created Revision "helloworld-example-j4gv5"
Normal LatestReadyUpdate      6m24s   configuration-controller
➡ LatestReadyRevisionName updated to "helloworld-example-j4gv5"
```

可以看到，上述打印出来的信息还是很丰富的，与 YAML 描述的基本相同。最后重点提一下事件，这里的事件列表是 Kubernetes 为应用提供的一种扩展机制，是一种很友好的结构化的记录方式。

容器与 Kubernetes 事件

Kubernetes 事件有两个问题需要注意。第一个问题是它为可选机制。在 Kubernetes 上运行的软件或扩展 Kubernetes 的软件没有义务向 Kubernetes 发送事件。对于许多软件而言，事件都是空白的。Knative 服务模块在这方面做得很好，发送了很多有价值的事件供 Kubernetes 记录和显示。

但这会导致第二个问题。即使运行良好的软件，也不能保证所有的事件都会被捕获、存储或持久化存储很久。软件调用发送事件的 API 不会返回错误，因此有可能软件发送了很多事件，但在 Kubernetes 集群中却没有出现对应的事件。一旦事件到达 API 服务器，就与任何其他 Kubernetes 资源一样安全了。不过事件也可能被另一个控制器有意或无意地删除。而且，由于事件通常与所有其他记录共享资源，因此 Kubernetes 会按时间滚动删除事件。也就是说，相同的 kubectl describe 在第 2 天看到的会是不一样的结果。

事实证明事件的存在是有意义的：意味着描述的事件确实发生了。但是事件的缺失并不意味着事件没有发生。当事件缺失时，有可能事件的确没有发生，也有可能事件发生了，但 Kubernetes 出于其他原因没有接收或保存相应的事件，或者 Kubernetes 收到了事件但后来删除了。没有不能证明不存在。

3.4 剖析修订版本

前面的章节在讨论配置时尽量简洁，因为配置是对修订版本的顶层抽象。请牢记配置与其修订版本之间的模板及生成关系。本节重点介绍修订版本中的可配置字段与参数。当然这些字段并不会直接配置，而是通过更新服务或配置来生成新的修订版本。

实际上，这意味着在修订版本中看到的字段很多是来自配置的。

Revision 是 Pod 吗？

熟悉 Kubernetes 的人可能会问：为什么修订版本看起来与 Kubernetes Pod 这么像？

原因是 Knative 服务模块的主要目标是简化 Kubernetes 开发人员的使用体验。Knative 只是对 Kubernetes 的资源进行了部分抽象，但并没有把整个 Kubernetes 屏蔽起来。

当提供的特性与底层系统相同时，使用相同的字段命名会更好理解。例如，serviceAccountName 字段在 Knative 和 Kubernetes 中具有相同的作用，实际上它们就是一样的东西。

截止到撰写本书时，Knative 都是通过在 Kubernetes 的 PodSpec 结构体中保存相关配置来实现修订版本的配置的。但 Knative 并不会开放整个 PodSpec 供用户配置，而是只开放一些可配置字段。除此之外，Knative 还添加了两个自己的字段：Container-Concurrency 和 TimeoutSeconds，这两个字段将在本章中讨论。

再强调一下，笔者说的是"截止到撰写本书时"，到目前为止，Knative 只将少数的 PodSpec 字段开放给了修订版本，仅在内部使用 PodSpec 结构体来简化数据转换流程。这只是 Knative 内部的实现细节，不能保持稳定性（后续有可能会变更）。

PodSpec 中包含很多配置字段。将来，Knative 可能会以不同的方式公开其他字段，或者完全引入新概念。因此，最好忽略实现细节，仅关注上层抽象的修订版本即可。

3.4.1　修订版本的基本概念

正如第 2 章所展示的，通过 kn 可以看到修订版本的基本信息，如下所示。

清单 3.12　通过 kn 查看修订版本

```
$ kn revision describe helloworld-example-8sw7z

Name:      helloworld-example-8sw7z
Namespace: default
Age:       1d
Image:     gcr.io/knative-samples/helloworld-go (at 5ea96b)
Env:       TARGET=First
Service:

Conditions:
  OK  TYPE                  AGE REASON
  ++  Ready                 1d
  ++  ContainerHealthy      1d
  ++  ResourcesAvailable    1d
   I  Active                1d NoTraffic
```

上述信息的关键是 Name 和 Namespace，其中 Name 是默认自动生成的。也可以通过 kn 指定 Name，如下所示。

清单 3.13 A 带有其他名称的修订版本看起来都是正常的

```
$ kn service update hello-example --revision-name this-is-a-name
# 省略更新部分

$ kn revision list
NAME                          SERVICE        GENERATION   AGE    CONDITIONS   READY
hello-example-this-is-a-name  hello-example  6            10s    4 OK / 4     True
hello-example-jnspq-7         hello-example  5            24h    3 OK / 4     True
# 省略 REASON 一列的信息
```

这里的 Service 名称已经自动追加到 Revision 名称的前面（防止名称冲突）。当然，除了 kn，还可以通过编辑 YAML 来实现同样的目标，见清单 3.14。

（译者更正：原书中这里有错误，最新版本已经不支持这么修改了。）

清单 3.14 在 YAML 中命名下一个修订版本

```
apiVersion: serving.knative.dev/v1
kind: Configuration
metadata:
  name: helloworld-example
spec:
  template:
    metadata:
      name: this-too-is-a-name          ← 将名称添加到配置
    spec:                                  的元数据中。
      containers:
      - image: gcr.io/knative-samples/helloworld-go
        env:
        - name: TARGET
          value: "It has a name!"
```

在 YAML 中可以看到，在新的元数据 metadata 中添加了名称。metadata 中还包括其他 Kubernetes 元数据，具体包含哪些内容，可以通过 kubectl+jq 来查看，如下所示。

清单 3.15　修订版本

```
$ kubectl get revision helloworld - example - 8 sw7z - o json | jq '.metadata'
{
    "annotations": {
        "serving.knative.dev/creator": "jacques@example.com"
    },
    "creationTimestamp": "2019-12-03T01:17:28Z",
    "generateName": "helloworld-example-",
    "generation": 1,
    "labels": {
        "serving.knative.dev/configuration": "helloworld-example",
        "serving.knative.dev/configurationGeneration": "1",
        "serving.knative.dev/service": ""
    },
    "name": "helloworld-example-8sw7z",
    "namespace": "default",
    "ownerReferences": [
        {
            "apiVersion": "serving.knative.dev/v1",
            "blockOwnerDeletion": true,
            "controller": true,
            "kind": "Configuration",
            "name": "helloworld-example",
            "uid": "ac192f54-156a-11ea-ae60-42010a800fc4"
        }
```

注解，和标签一样。

标签，表明有用的信息（稍后概述）。

名称和命名空间可以告诉我们修订的名称和它在 Kubernetes 环境中的位置。这里的名称和命名空间，与通过命令行 kn 展示出来的值是一样的。

```
Listing 3.14 Naming the next Revision in the YAML Configuration
Listing 3.15 Revision
Adds the name to
the Configuration's
metadata.
annotations, taken
together with…… labels, capture a fair
amount of useful information(outlined later).
name and namespace tell you
the name of your Revision and
where it lives in Kubernetesland.These are the same
values that kn shows as
Name and Namespace.The anatomy of Revisions 57
```

```
    ],
    "resourceVersion": "8776259",
    "selfLink": "/apis/serving.knative.dev/v1/namespaces/default
        ⮕ / revisions / helloworld - example - 8 sw7z ",
    "uid": "ac1a8358-156a-11ea-ae60-42010a800fc4"
}
```

上面代码中的 ownerReferences 是什么呢？它表示的是它的上层控制器的资源，这里不用过多关注。在注解（annotation）和标签（label）中更容易找到相关信息，如表 3.1 所示。

表 3.1　修订版本中重要的注解和标签

命名	类型	描述
serving.knative.dev/ configuration	标签	修订版本所属的配置是什么
serving.knative.dev/ configurationGeneration	标签	单元格
serving.knative.dev/ route	标签	将当前流量发送到这个修订版本的路由。如果这个值没有设置，则不会有流量转发过来
serving.knative.dev/ service	标签	表示的是修订版本所属的服务是什么。如果为空，表示该修订版本的配置上层没有服务
serving.knative.dev/ creator	注解	这个注解表示的是修订版本是由谁创建的，kn 和 kubectl 向 Kubernetes API 服务器请求时都会设置这个信息。通常情况下，这应该是邮件地址
serving.knative.dev/ lastPinned	注解	该注解用于 gc
client.knative.dev/ user-image	注解	使用 kn --image 会产生这个值

注解和标签遵循这样的模式：<subject area>.knative.dev/<subject>，可以保证不同的子项目不会冲突。

3.4.2　容器的基本概念

修订版本中配置的大部分参数都在 container 字段中，如下所示。

清单 3.16　容器数组

```
apiVersion: service.knative.dev/v1
kind: Revision
# ...
spec:
  containers:
  - name: first-and-only-container
    image: example.com/first-and-only-container-image
```

通过 `name` 可以看出，`containers` 是一个数组，可以为每个修订版本配置对公容器。然而事实并非如此。

在最初的设计中，Knative 只允许设置一个容器镜像，会拒绝设置多个容器镜像的请求。这个设计随后贯穿了设计的其他部分。例如，如果只有一个容器变成了一个正在运行的进程，那么流量可以发送的目的地可能只有一个进程。

那么为什么要支持多个容器呢？主要是因为 `sidecar` 容器：与业务进程一起运行以添加额外功能的容器。此模式广泛用于跨集群运行的工具，例如 Istio 等服务网格、防病毒工具、监控系统代理等。

该功能是在 Knative 的后期添加的，特性还很新。在撰写本书时，笔者尚且无法提供官方文档。简单起见，本书将忽略多容器支持。

在本书的示例中，笔者都为容器命名了，从技术上讲这不是必需的。但是给容器添加名字是有好处的（即便是简单的名字）。目前许多监控和调试工具都从 Kubernetes API 中获取数据。将来，其他人可能会以 Knative 为中心或更加了解 Knative。无论哪种方式，为容器命名都可以更容易地理解、识别，以及与其他系统集成。

3.4.3　容器镜像

容器镜像（container image）是最终运行[1]的软件。

容器镜像是什么？

容器镜像（最初为 Docker 镜像，现在叫 OCI 镜像应该更合适）是将软件打包的形式。但

---

[1] 令笔者恼火的是，虽然 Docker 容器的原理类比是运输容器，但"容器"一词指的是正在运行的进程，而不是一个静态的二进制数。相反，我们说"容器镜像"。将类比反映到物流中意味着将集装箱船称为"容器"，将集装箱称为"容器中的进程"。

是容器镜像还可以携带额外的设置和指令：环境变量、启动命令、用户名等。

容器镜像由容器运行时解释和执行。Docker 守护进程是最著名的，后来又出现了 runc 和 containerd。当然现在还有其他实现，比如 CRI-O、gVisor、Kata、Firecracker 和 Project Pacific，这些是独立的实现，可以创建相同的运行时行为，通常还具有其他所需的功能。

在指定容器镜像时，必须要提供镜像值（image value），这是一个供容器运行时（如 containerd）从镜像仓库拉取镜像的地址。在本节之前的配置和修订版本的示例中就可以看到。

还有两个关键的设置：imagePullPolicy 和 imagePullSecrets。这两个都是供容器运行时使用的。

imagePullPolicy 设置的是 Kubernetes 节点拉取镜像的策略。这个设置很重要。它有三个值可以设置：Always、Never 和 IfNotPresent。

当在 Kubernetes 节点上启动 Revision 时，Always 策略会强制重新拉取镜像，忽略容器运行时维护的所有本地缓存。Never 策略则不拉取镜像（即使本地没有镜像），因此次运行成功与否依赖于本地是否有镜像。IfNotPresent 策略是如果本地有镜像，则使用本地镜像，否则从镜像仓库拉取。

通常情况下不需要配置 imagePullPolicy，如果必须设置该值，那么最好设置成 IfNotPresent。IfNotPresent 是一个安全有效的选择。如果在 Kubernetes 原始记录设置这个值，例如 PodSpec，那么可能会遇到问题。第 9 章将继续讨论这个话题。

imagePullSecrets 的设置是 Kubernetes 机制的另一个亮点。你可能习惯于直接使用 docker pull 来拉取公共镜像。但并非所有容器镜像都是公开的。此外，并不是所有的镜像仓库都允许匿名拉取，也就是说，需要身份验证。

Kubernetes 有一个 Secret 记录类型，可用于配置镜像登录凭证。与所有 Kubernetes 记录一样，Secret 通过名称被其他资源引用，此处是通过 imagePullSecrets 来引用 Secret 的。

假如笔者有一个私有镜像仓库 registry.example.com。笔者会把这个私有镜像仓库的登录凭证放在名为 registry- credentials-for-example-dot-com 的 Secret 中，Secret 中的内容如下。

清单 3.17　如何配置镜像登录凭证

```
apiVersion: service.knative.dev/v1
kind: Configuration
# ...
spec:
  template:
```

```
    spec:
#   ...
      imagePullSecrets:
      - name: registry-credentials-for-example-dot-com
```

在部署上述 YAML 之后，容器运行时每次从 registry.example.com 中拉取镜像时都会使用该
Secret 提供的凭证。与 containers 字段一样，imagePullSecrets 也是一个数组。在原始的
Kubernetes PodSpec 中，这是有道理的，因为它允许定义多个容器。由于每个容器都可能来自不
同的镜像仓库，所以有必要允许多组登录凭证。

容器镜像名称的烦恼

顺便说一下，容器镜像名称并没有统一的标准，在撰写本书时，以下镜像都是合法的：

- ubuntu。
- ubuntu:latest。
- ubuntu:bionic。
- library/ubuntu。
- docker.io/library/ubuntu。
- docker.io/library/ubuntu:latest。
- docker.io/library/ubuntu@sha256:bcf9d02754f659706...e782e2eb5d5bbd716 8388b89。

重要的是，上述表示的镜像是相同的，表示的都是同样的二进制软件包。如果不指定
docker.io，则代表是你自己的镜像。

你可能认为这非常方便。但是当 example.com/ubuntu/1804@sha256:bcf9d02754f659706...
e782e2eb5d5bbd7168388b89 所指的镜像与上述是同一个二进制软件包时，那么它们是同一个镜
像吗？答案是：否（不从镜像名称和寻址的角度来看）。你可能认为这也是有道理的，因为它
们是不同的 URL，所以它们应该被区别对待。

但是当我们想从防火墙后面的私有镜像库中拉取数据时可能会变得非常困难，原因是：（1）
无法访问 docker.io；（2）由于实际镜像可能会不同，所以不能简单地重命名镜像。

问题是登录凭证和镜像所处的位置之间没有区别。目前 Knative 还无法完全解决这个问题。

Knative 服务模块的 webhook 组件将部分容器镜像解析为包含摘要（digest）的完整名称。例如，
当告诉 Knative 容器镜像是 ubuntu 时，Knative 会连接到 Docker Hub，获取镜像的全名（包含摘要），
比如 docker.io/library/ubuntu@sha256:bcf9d02754f659706...e782e2eb5d5bbd7168388b89。

　　上述的解析动作发生在创建修订版本之前，因为 webhook 组件可以在服务模块看到记录之前对配置或者服务进行更改。

　　我们可以通过两种不同的方式查看已经解析的镜像摘要。首先通过 kubectl 和 jq 来查看。

清单 3.18　通过 kubectl 来查看镜像摘要

```
$ kubectl get revision helloworld-example-8sw7z -o json |
    ➥ jq '.status.imageDigest'

"gcr.io/knative-samples/helloworld-go
    ➥ @sha256:bcf9d02754f659706...e782e2eb5d5bbd7168388b89"
```

　　gcr.io/knative-samples/helloworld-go 可以在早期就被识别出来，剩余的部分@sha256是 Knative 解析出来的内容。这实际上指定了容器镜像的确切版本，而不是每次拉取下来的 gcr.io/knative-samples/helloworld-go 的镜像。因为即便同样的镜像地址，每次拉取的实际镜像内容可能也不同。

　　通过 sha256 的名字也可以看出来是使用 SHA-256 散列算法来验证身份的。如果镜像仓库中没有对应 Hash 值的条目，就会返回 404 错误。下面通过 kn 查看镜像摘要，展示的内容会稍有不同。

清单 3.19　通过 kn 查看镜像摘要

```
$ kn revision describe helloworld-example-69cbl

Name:        helloworld-example-69cbl
Namespace:   default
Age:         4h
Image:       gcr.io/knative-samples/helloworld-go (at 5ea96b)
# 省略其他内容
```

可以在镜像字段中看到（at 5ea96b），这是 SHA-256 摘要的前 6 位十六进制数。

　　如果发生 Hash 碰撞呢？两个镜像是否有相同的前 6 位十六进制数呢？某种层面上讲，是有可能的。因为 6 位十六进制数只能表示百万个排列。实际上这足够了，因为现在不是在比较所有的容器镜像，而是在比较同一个镜像 URL 的容器镜像，这个范围会大大缩小，碰撞的概率也微乎其微。6 位十六进制数的可读性更好，毕竟 Git 的 commit 记录也是这么做的。

3.4.4　容器启动命令

到目前为止，笔者已经在 Knative 中设置了容器镜像，并且都转换成了可运行的容器。这并不完全归功于 Knative。下面通过 kn 来演示。

清单 3.20　Knative 并不知道如何启动容器中的进程

```
$ kn service update hello-example --image ubuntu

Updating Service 'hello-example' in namespace 'default':
RevisionFailed: Revision "hello-example-flkrv-9" failed with message:
        ➥ Container failed with: .
```

清单 3.20 并没有向我们展示太多有用的信息。下面通过清单 3.21 查看详细的信息。

清单 3.21　通过 kn revision describe 来查看到底发生了什么

```
$ kn revision describe hello-example-flkrv-9

Name:      hello-example-flkrv-9
Namespace: default
Age:       2m
Image:     ubuntu (pinned to 134c7f)
Env:       TARGET=Second
Service:   hello-example

Conditions:
  OK TYPE               AGE REASON
  !! Ready              20s ExitCode0
  !! ContainerHealthy   20s ExitCode0
  ?? ResourcesAvailable  2m Deploying
   I Active             11s TimedOut
```

上述的输出稍微有用一些，至少可以看到 Ready 和 ContainerHealthy 的结果是"!!"，在 Knative 中这是失败的象征。

"!! Ready"意味着容器没有正常运行起来，因为 Kubernetes 不知道如何运行这个容器。或者更确切地说，Kubernetes 无法确定笔者想要执行的内容。此处，笔者使用的是 ubuntu，其中含有上百个可执行文件，到底运行哪个可执行文件呢？暂时还不知道。

ResourcesAvailable 的状态是"??"（未知）。因为容器无法启动，也就是说，部署未就绪，所以资源并不会真正被使用。究其原因，有以下两点：

- 上述笔者提到的容器镜像没有定义 ENTRYPOINT，也就是容器运行时在启动容器时，在容器镜像中无法找到可以启动的命令。

- 在配置中也没有设置 command 字段。如果设置了这个字段，则它会作为参数传递到容器运行时。

该 command 字段是运维人员设定的，它会覆盖容器镜像中的 ENTRYPOINT，所以会有以下几种组合：

- 同时设置 ENTRYPOINT 和 command→执行 command。

- 设置 ENTRYPOINT 不设置 command→执行 ENTRYPOINT。

- 设置 command 不设置 ENTRYPOINT→执行 command。

- ENTRYPOINT 和 command 都不设置→容器启动不起来。

也许你可能会想到一个资源耗费比较低的 command: bash -c echo Hello, World!。这也是笔者当初的想法，但这并不会正常运行，因为违反了 Knative 的原则，Knative 需要的是一个可以长时间运行的任务。

大多数情况下，不应该使用 command；应该依赖容器镜像中的 ENTRYPOINT。原因有很多。最重要的一点是：操作简单。构建镜像的人可能打算按照镜像构建时指定的 ENTRYPOINT 方式来运行它。特别是想要在 Knative 中使用这个镜像时。

如果确实想使用 command，那么还有一个参数需要知道：args。没错，这是一个参数数组，可以设置需要传递给 command 的任意命令。

再次重申一下，开发人员可能不需要设置 command，因为 kn 本身并没有暴露可以设置 command 的方法。

3.4.5　直接设置环境变量

想必你已经发现了添加或更改环境变量的简单方法：使用 kn 与--env 结合的方式。笔者在第 2 章中操作 Hello world 时曾演示过。许多系统都支持设置环境变量作为配置的方式。通常，这是命令行参数或配置文件的替代方法。无论是想添加新的环境变量，还是更新现有的环境变量，笔者都使用--env，如下所示。

清单 3.22　添加另一个环境变量

```
$ kn service update hello-example --env AGAINPLS="OK"

# 省略 service 升级过程中的输出消息

$ kn revision describe hello-example-gddlw-4
Name:       hello-example-gddlw-4
Namespace:  default
Age:        16s
Image:      gcr.io/knative-samples/helloworld-go (pinned to 5ea96b)
Env:        AGAINPLS=OK, TARGET=Second
Service:    hello-example

# 省略 Conditions 字段
```

除了上述方法，还可以通过 YAML 来设置环境变量，通过 env 字段即可设置。在配置的 YAML 中，env 设置在每个 container 上，如下所示。

清单 3.23　通过 YAML 来设置环境变量

```
apiVersion: service.knative.dev/v1
kind: Configuration
# ...
spec:
  template:
    spec:
      containers:
      - name: first-and-only-container
        image: example.com/first-and-only-container-image
        env:
        - name: NAME_OF_VARIABLE
          value: value_of_variable
        - name: NAME_OF_ANOTHER_VARIABLE
          value: yes, this is valuable too.
```

如上所示，可以设置任意数量的 name value 键值对，因为 env 部分是一个数组。不一定非得使用大写加下画线的规范（如 SHOUTY_SNAKE_CASE），不过这是大家惯用的方式。

记住，每次修改配置中的模板（template）时，Knative 服务模块都会生成一个新的修订版本。Knative 的设计理念是修订版本是一个快照。如果配置可以随意修改，那么以后就不知道在特定时间配置信息是怎样的了。这其实是本章前面笔者花了很多时间来谈论的历史问题。

Knative 的方法并非没有缺点。首先，更新配置需要重新部署。如果软件启动速度够快，那么可能没有问题。如果出于某种原因，软件需要很长时间才能启动起来，那么调整配置值可能会变得非常麻烦。有一种思想流派（比如 Netflix 等）认为配置应该独立于遵守它的代码进行分发。该原则旨在将软件与配置的部署分离开来，从而可以更快地进行配置更改。

不利的地方在于，部署历史再次被分散到不同的地方。这意味着重建会导致多个版本相互独立，没有关联。如果构建过程自动化程度很高，协同工具做得很好，那么这应该不算什么大问题，如果这方面做得不好，那么可能是个大问题。Knative 通过相同的机制来修改配置的方式更加简单，也更加安全。

除了自己设置的环境变量，Knative 服务模块还注入了四个额外的环境变量，如下：

- PORT：用户进程监听的 HTTP 端口。可以通过端口设置来配置这个值（笔者很快就会讲到）。如果不设置，那么 Knative 默认会设置 8080 端口。为了使用户进程可用，请在进程中监听设置的端口。

- K_REVISION：修订版本的名称。对于日志、指标收集和其他可观测性比较有用。

- K_CONFIGURATION：创建修订版本的配置的名称。

- K_SERVICE：配置所属服务的名称。如果是直接创建的配置，则不会有服务。在这种情况下，K_SERVICE 将不会被设置。

3.4.6 间接设置环境变量

3.4.5 节说环境变量被快照时，并没有说完全。直接在 env 下设置的 name 和 value 的变量会被快照到修订版本中。env 中的值将永远不再变更。

实际上还有两种其他注入环境变量的方法：--env-from/envFrom 和 valueFrom。它们的共同特点是不直接提供变量的值；envFrom 甚至连环境变量的名称都不提供。在这两种情况下，值都来自 ConfigMap 或者 Secret。

这意味着，首先需要有对应的 ConfigMap 和 Secret，这些是 Kubernetes 的记录，kn 并不支持。因此需要创建一个 ConfigMap 和 Secret（见清单 3.24），通过 kubectl 一起创建，见清单 3.25。

清单 3.24 ConfigMap 和 Secret

```
---
apiVersion: v1
```

```
kind: ConfigMap
metadata:
  name: example-configmap
data:
  foo: "bar"
---
apiVersion: v1
kind: Secret
metadata:
  name: example-secret
type: Opaque
data:
  password: <...redacted but it's definitely certainly not 'password123'...>
```

清单 3.25　部署 YAML

```
$ kubectl apply -f example-configmap.yaml example-secret.yaml
configmap/example-configmap created
secret/example-secret created
```

使用 ConfigMap 的第一个也是最简单的方法是--env-from。这意味着笔者告诉系统,"我想要这个 ConfigMap,通过这个 ConfigMap 的 data 下的变量创建环境变量"。从上述 YAML 描述中可以看到,ConfigMap 中有 foo: bar,Secret 中有 password: <redacted>。

清单 3.26　通过 kn 和--env-from 来设置环境变量

```
$ kn service update hello-example \
  --env-from config-map:example-configmap \
  --env-from secret:example-secret
```

\# 省略升级过程中的输出消息

当笔者使用--env-from 时,在容器内部会产生两个额外的环境变量 foo=bar 和 password= <redacted>。现在可以验证已经将环境变量注入了,但是并不清楚注入了什么,如下所示。

清单 3.27　部分环境变量的信息

```
$ kn revision describe hello-example-gkfmx-7
Name:          hello-example-gkfmx-7
Namespace:     default
Age:           12s
Image:         gcr.io/knative-samples/helloworld-go (pinned to 5ea96b)
Env:           AGAINPLS=OK, TARGET=Second
EnvFrom:       cm:example-configmap, secret:example-secret
Service:       hello-example
```

可以使用 kubectl describe 查看更详细的内容，如下所示。在清单中，我们通过注释进行了区分。

清单 3.28　查看有没有配置好

```
kubectl describe pod/hello-example-gkfmx-7-deployment-6cb9fbbd58-8mm7b
Name:          hello-example-gkfmx-7-deployment-6cb9fbbd58-8mm7b
Namespace:     default
# 省略中间部分

Containers:
  user-container:

# 省略中间部分

  Environment Variables from:          环境变量来自: 说明引用
    example-configmap ConfigMap Optional: false    了配置（Configmap）和
    example-secret Secret Optional: false          密钥（Secret）。

  Environment:                         环境变量: 表示是直接通过环境变
    AGAINPLS:          OK              量配置的。
    TARGET:            First
    PORT:              8080
    K_REVISION:        hello-example-gkfmx-7
    K_CONFIGURATION:   hello-example
    K_SERVICE:         hello-example

# 省略中间部分
```

如果不想通过 kn 的 --env-from 来配置，则可以通过下面的 YAML 中的 envFrom 来配置。

清单 3.29　使用 envFrom 来配置环境变量的键值对

```
apiVersion: serving.knative.dev/v1
kind: Configuration
metadata:
  name: values-from-example spec:
  template:
    spec:
      containers:
      - image: example.com/an/image
        envFrom:
        - configMapRef:
            name: example-configmap
        - secretRef:
            name: example-secret
```

这种机制相对方便一些，因为它获取了所配置的 ConfigMap 和 Secret 中的所有内容，我们可以根据其中的内容标记环境变量。当需要设置的环境变量较多时，通过 ConfigMap 来配置比起通过命令行 kn 来配置更容易。

但是 --env/envFrom 机制并不总是很方便。有时 ConfigMap 或 Secret 中的值较多，其中有很多并不是作为环境变量使用的。在这种情况下，就需要从中挑选需要的环境变量。

这就引出了 valueFrom。valueFrom 虽然看起来像 envFrom，但还是有区别的。一方面，它没有通过 kn 暴露设置的方法，而是需要通过 YAML 来配置。另一方面，由于需要选择特定值，因此设置的接口与 valueFrom 相比有些区别。下面我们通过 configMapKeyRef 和 secretKeyRef 来选择相应的值，如下所示，设置起来稍微麻烦一些。

清单 3.30　使用 valueFrom 来配置环境变量的值

```
apiVersion: serving.knative.dev/v1
kind: Configuration
metadata:
  name: values-from-example
spec:
  template:
```

```
spec:
  containers:
  - image: example.com/an/image
    env:
    - name: FIRST_VARIABLE
      valueFrom:
        configMapKeyRef:
          name: example-configmap
          key: firstvalue
    - name: PASSWORD
      valueFrom:
        secretKeyRef:
          name: example-secret
          key: password
```

清单 3.31　部署 YAML

```
$ kubectl apply -f example.yaml
configuration.serving.knative.dev/values-from-example created
```

执行上述代码后可以查看结构是否相同，与--env-from 一样，我们无法通过 kn 直接看到变量，如下所示。

清单 3.32　通过 kn 看不到解析后的值

```
$ kn revision describe values-from-example-626da
Name:       values-from-example-626da
Namespace:  default
Age:        48m
Image:      example.com/an/image (at 1a2bc3)
Env:        FIRST_VARIABLE=[ref]
            PASSWORD=[ref]
Service:

Conditions:
  OK TYPE           AGE REASON
  ++ Ready          48m
```

```
++ ContainerHealthy    48m
++ ResourcesAvailable 48m
 I Active              38m NoTraffic
```

从上述结果可以看到，有环境变量的引用，但是无法看到具体的值。这是 env.valueFrom 相对于 envFrom 的优势所在。虽然看不到值，但是 kn 至少指出了环境变量存在的事实。

修订版本是配置的快照，此快照不包含环境变量的值（value）。当使用 valueFrom 时，表示正在对变量的引用进行快照，而不是对引用所指向的值进行快照。

也就是说，无须更新配置即可对服务的配置参数进行更改。换句话说，可以通过修改修订版本的 valueFrom 所指向的 ConfigMap 或者 Secret 来更改环境变量。

这里要注意，在重新发布修订版本之前，更改是不会生效的。这些对值的引用在容器创建时才会解析为实际值。这些不是动态更新的。如果更新所引用的是 ConfigMap 或 Secret，那么正在运行的修订版本中的环境变量并不会被更新。

如果要更改，那么需要将修订版本缩容到零，然后重新启动。当然，扩/缩容并不是直接控制的，所以在生产实践中，不应该依赖这个机制来快速更新配置参数。需要注意的是，我们不应该依赖它进行证书的快速轮换。正确的使用方式如下：

- 通过编辑配置来创建一个新的修订版本，该修订版本取代了先前的配置。当使用这种方式时，要接受实例重建的成本。
- 使用配置键值对的替代机制（比如 Netflix Eureka）。该机制在管理 TTL（生存时间）或在向消费者推送配置方面更加方便；同时使用第三方密钥管理系统，例如 Vault 或 CredHub。

那么到底应该选择哪种方式呢？笔者的建议是，将数据放在 ConfigMap 中，需要更新的时候尽可能地编辑配置从而触发数据更新。对于密钥，强烈建议使用凭证管理器，因为将密钥保存在环境变量中会导致安全问题。

如果环境变量中必须有某些 Secret 或敏感材料，那么最好使用 Secret 和 valueFrom，并在修改 Secret 时重建修订版本。虽然比较麻烦，但是这会极大地减少直接在环境变量中暴露敏感材料带来的安全问题。

3.4.7　通过文件来设置配置文件

通过命令行传递配置很简单：使用 args 即可。通过环境变量传递配置也很容易：使用 env 或 envFrom 即可。是但是这么做有两个问题。

首先，某些软件可能需要参数文件，或者软件开发者可能更喜欢参数文件而不是其他配置方法。对于这种情况，命令行和环境变量就无能为力了。

其次，如果通过命令行和环境变量设置敏感信息，则很容易泄露。很多工具和系统都能获取命令行和环境变量，很容易导致敏感信息泄露。大家或多或少有这样的经历：通过 SSH 连接到正在运行的容器；在容器中或是所在的节点上运行 ps 命令；通过系统监控代理来获取环境变量，或者某些系统监控代理具有获取环境变量的能力；将敏感信息提交到 Git 中。当然，泄露敏感信息的行为数不胜数。

解决上述问题的一种方法是将 Secret 和 ConfigMap 作为文件挂载在文件系统中。一方面可以保证软件能够获取该配置信息。另一方面，被挂载的文件与文件系统一样，攻击者首先需要攻破文件系统的权限。最终敏感信息会被挂载为 tmpfs 卷（基于内存的文件系统）。敏感信息永远不会接触磁盘，并且一旦容器消失，该文件就消失了。

下面通过 kn 将 Secret 挂载到服务的容器中，命令如下。

清单 3.33　将密钥通过存储卷挂载到服务的容器上

```
$ kn service update hello-example --mount /sikkrits=secret:example-secret

Updating Service 'hello-example' in namespace 'default':
# ...
```

上述命令行的关键是 --mount 参数，它将 example-secret 映射到了文件 /sikkrits 上。命令行中的"Secret:"前缀告诉 kn 需要挂载哪种类型的资源；还有一个可选项"configmap:"，是用来挂载 ConfigMap 的。

清单 3.34　密钥 Secret

```
$ kn revision describe hello-example-yffhm-12

Name:        hello-example-yffhm-12
Namespace:   default
Age:         3m
Image:       gcr.io/knative-samples/helloworld-go (pinned to 5ea96b)
Env:         TARGET=Second
Service:     hello-example
# 省略 Conditions 字段
```

上述输出中并没有显示 Secret 被挂载的信息，而且也不会显示 ConfigMap 的信息。如果想看详细信息，则需要使用 kubectl 和 jq 来查看原始的 YAML，如下。

清单 3.35　存储卷和挂载

```
$ kubectl get -o yaml revision hello-example-yffhm-12

apiVersion: serving.knative.dev/v1
kind: Revision
metadata:
# 省略大量的 YAML
spec:
  containers:
    name: example-container
    # 省略其他的 YAML
    - mountPath: /sikkrits
      name: exsec-9034cf59
      readOnly: true
  volumes:
  - name: sikkrits-9034cf59
    secret:
      secretName: example-secret
# 省略其他的 YAML
```

在上述输出中可以看到配置信息在两个地方：volumeMounts（在每个容器下）和 volumes（直接挂载 spec 下）。YAML 通过缩进表示不同的级别。这也反映了 Knative 中的 Kubernetes 机制。

原生 Kubernetes 允许在一个 PodSpec 中有多个容器。如果容器想共享一个或多个文件系统，那么需要：

（1）列出可能存在的所有卷。

（2）确定哪些容器可以看到哪些卷。如果把所有东西都堆在一起，那么一开始可能会很方便，但长远来看，会导致许多错误和安全问题。

顺便说一下，在 kn 中配置卷可能会让人产生困惑。因为除了--mount 选项，还有一个--volume 选项。两者的帮助文本几乎相同。那么到底应该使用哪个呢？建议使用--mount。因为它可以创建目录，将 ConfigMap 和 Secret 放入卷中，然后挂载卷到指定目录。

3.4.8 健康检查

通常情况下，软件有运行与非运行两种状态。软件运行时有就绪（准备好）与非就绪两种状态。这至少是 Kubernetes（也是 Knative）看待软件运行状态的方式之一：即存活属性与就绪属性。在 Kubernetes 中，可以在容器上设置存活探针（livenessProbes）和就绪探针（readinessProbes）。Knative 开放了这两个设置，但是有几个点要注意。

首先，什么是探针？探针是 Kubernetes 用来确定软件的存活性或就绪性的一种机制。典型的存活探针包括"软件是否在监听端口 3030""在容器内运行某些 shell 命令，是否以代码 0 正常退出"等。典型的就绪探针主要是向已知端点发出 HTTP 请求并查看请求响应码是不是 200 OK。

表面上，存活探针与就绪探针看起来相同。比如它们都可以设置检查 HTTP 响应和 TCP 端口，但是有一个区别。

正在运行的软件有可能还没准备好接收流量（存活但未就绪）。例如，当应用启动时间较长时，软件已经处于存活状态了，但并没有就绪。不同类型的探针对于这种情况有不同的处理方式。当存活检查失败时，Kubernetes 会关闭容器并在其他地方重新启动容器。当就绪检查失败时，Kubernetes 会阻止网络流量到达容器。下面的清单展示了存活探针和就绪探针的配置。

清单 3.36 Knative 的探针

```
apiVersion: service.knative.dev/v1
kind: Configuration
# ...
spec:
  template:
    spec:
      containers:
      - name: first-and-only-container
        image: example.com/first-and-only-container-image
        livenessProbe:
          httpGet:
            path: /deadoralive
        readinessProbe:
          tcpSocket:
```

需要注意的是，探针可以选择配置 `httpGet` 或者 `tcpSocket`。表 3-2 展示了两种配置方式支持的字段。

表 3-2　两种配置方式支持的字段

类型	字段	描述	是否必须
`httpGet` 和 `tcpSocket`	`host`	hostname 或者 IP 地址	否
`httpGet`	`path`	HTTP 的请求 Path	是
`httpGet`	`scheme`	HTTP 或 HTTP 中的一种，默认是 HTTP	否
`httpGet`	`httpHeaders`	如果确实需要这个字段，则可以查看 Kubernetes 官方文档	否

还有些配置在存活探针和就绪探针中都支持设置。比如，可以通过配置 `initialDelaySeconds: 5` 使存活探针推迟 5s 之后再进行健康检查。或者，可以使用 `success Threshold: 3` 来配置连续 3 次健康检查成功之后才算成功。

如果你熟悉 Kubernetes，那么对这些探针的设置也不会陌生。你可能还有疑问，健康检查的端口是怎么设置的（因为修订版本中配置的健康检查端口号是 0）？这其实是 Knative 的机制，Knative 通过环境变量（USER_PORT）将用户容器的端口暴露出来。

对于 `tcpSocket` 而言可能看起来很奇怪，因为修订版本 `tcpSocket` 下配置的端口号是 0，但这种行为是被允许的。

如果你不提供健康检查探针，那么 Knative 服务模块会设置 `tcpSocket` 探针，并将 `initialDelaySeconds` 设置为 0。也就是说，Knative 告诉 Kubernetes 立即开始检查存活性和就绪性的情况，尽可能快地让函数实例开始服务流量。

说实话，探针对你来说不是特别需要考虑的事情。除非你想调整默认值，否则最好不设置（采用默认值）。基于这种考虑，`kn` 并没有将设置健康检查探针的方式暴露出来。

3.4.9　设置资源限制

Knative 允许开发人员为 CPU 和内存设置最小和最大使用量。这其实暴露的是 Kubernetes 的底层特性：`resources`。

在生产环境中，开发人员常用设置资源限制的方式是设置资源使用的最低级别，在 Kubernetes 中被称为 `requests`。下面的脚本展示了如何通过 `kn` 来更新资源限制。

清单 3.37　请求的 CPU 和内存资源

```
$ kn service update hello-example \
```

```
--requests-cpu 500m \
--requests-memory 256Mi
```

这里的 500m 的单位是 milliCPUs 或者说千分之一的 CPU。这里的 500m 也就是半个 CPU。但是"半个 CPU"的含义在不同的地方是不一样的，具体取决于 Knative 在哪里运行。详情可以咨询供应商或查看供应商文档。

256Mi 的内存格式是指 mebi 字节（不是 mega 字节，1MiB=1024KiB，1MB=1000KB）。这可能会让人感到困惑。大多数情况下，可以在脑海中将 MB 替换为 MiB。同理，GiB 和 GB 也可以这样近似替换，当然，还有 TiB 和 TB 也是如此。

资源限制被称为 limits，格式与 requests 一样。下面的脚本展示了如何使用 kn 设置资源限制。

清单 3.38　限制的 CPU 和内存资源

```
$ kn service update hello-example \
  --limits-cpu 800m \
  --limits-memory 512Mi
```

当然，通过 YAML 配置也可以，具体如下。

清单 3.39　在 YAML 中配置 CPU 及内存的请求和限制

```
apiVersion: service.knative.dev/v1
kind: Configuration
# ...
spec:
  template:
    spec:
      containers:
      - name: first-and-only-container
        image: example.com/first-and-only-container-image
        resources:
          requests:
            cpu: 500m
            memory: 256Mi
          limits:
            cpu: 800m
            memory: 512Mi
```

大多数人在使用 Knative 时完全没有限制资源使用（设置 limits），因为大多数情况下，他们想要的是 Knative 应对流量突发的能力。这样配置意味着容器进程至少可以获得请求（requests）的资源，并且可以快速消耗操作系统分配给它的全部可用资源。这个属性是非常有用的，它可以帮助容器尽快启动，因为启动进程通常会在服务流量之前进行大量的初始化和准备工作。

不过，完全不设置资源使用（设置 limits）并不可取。在可配置的情况下，最好设置一组较高的资源限制。例如，在 4 核工作节点上设置 3500Mi 的限制。这个限制足够应对大部分突发流量，但还不至于高到单个容器进程抢占了所有的资源，导致邻居进程"饿死"的情况。然而，设置资源限制与不设置资源限制（保持默认）相比，需要做更多的工作。特别是，需要提前知道工作节点的 CPU 和 RAM 容量，并在节点升级时更新服务的设置。这可能不太实用或不可取。

无服务器

说明一下，无服务器不是银弹。

如果不设置 limit 和 request 会怎样？其实也没什么问题。Kubernetes 将自行处理这种工作负载，比如当节点的资源不足时，可能会先关闭不设置限制和请求的 Pod。如果不给 Knative 的服务设置 limit 和 request，那么 Knative 将使用 Kubernetes 提供的任意默认值。

默认值可由 Kubernetes 集群运维工程师通过 LimitRange 来配置。例如，在 GKE 上，它被配置为 requests.cpu=100m，即单个 CPU 的 10%。

设置 limit 是一项比较复杂的工作。毕竟 Kubernetes 作为一种高效打包的编排系统，需要这些复杂的自定义设置也不足为奇。这些设置导致了一套复杂的规则和想法，开发人员不需要关心。详情可以查看 Kubernetes 服务质量级别（Qos）的文档，了解 Kubernetes 在节点资源不足的时候会做些什么。

可以肯定的是，自动缩放器解决了一些问题，但是，正如第 4 章将要介绍的一样，自动缩放器其实并不神奇。同理，Kubernetes 调度程序也是如此。两者都必须在 CPU 和内存等原始计算资源上才能工作。由 Kubernetes 设置的节点容量为每个节点设置可使用的资源边界。容器必须运行在节点上，运行时会消耗 CPU 与内存资源。因为有限制和请求机制的存在，因此可以将资源的限制与 Kubernetes 调度程序结合起来（告诉调度器需要多少资源）。而在 Knative 中，可以通过 Revision 抽象出来。

事实证明，以闭环控制出名的 Kubernetes，其核心有一个巨大的开环：容器的运行地点。

容器的运行地点一旦确定，容器将被永久固定。Kubernetes 调度程序不会执行工作负载的重新调度。只有在容器崩溃或自动缩放的情况下才会重新调度。

　　未来还有希望吗？也许。一种思路是基于 VM 的运行时，比如 Firecracker 或 Spherelets。由于这些是虚拟机，因此每个虚拟机都可以更轻松、更稳定地在物理节点之间动态迁移，而无须重新启动，这意味着无须修改 Kubernetes 调度程序即可进行透明地重新调度。另一个更科幻的思路是解耦计算节点提供的资源，网络、内存、CPU 等资源可以自定义挂载。

3.4.10　容器的并发

　　从广义上讲，自动缩放器的目的是确保有足够的 Revision 实例运行来满足需求。足够的一种含义其实相当于是询问："每个实例可以同时处理多少个请求？"

　　这就是 containerConcurrency 的作用。通过它可以在 Knative 中设置每个实例可以处理多少并发请求。如果设置为 1，则自动缩放器将尝试为每个请求提供大约一个副本。如果设置为 10，那么就会等到有 10 个并发请求的时候，再扩容出下一个修订实例。这是大致的情况，自动缩放器还有很多详细参数可供设置，不同的参数会导致扩/缩容的行为有所不同。

　　我们可以通过 kn 设置容器的 limit，如下所示。

清单 3.40　使用 kn 来设置容器的并发限制

```
$ kn service update hello-example --concurrency-limit 1

# 省略升级过程中的输出消息

$ kn revision describe hello-example-pyhcm-6

Name:          hello-example-pyhcm-6
Namespace:     default
Age:           2m
Image:         gcr.io/knative-samples/helloworld-go (pinned to 5ea96b)
Env:           AGAINPLS=OK, TARGET=Second
Concurrency:
  Limit:       1
Service:       hello-example
```

　　注意　对于 Concurrency 字段下的内容，这里设置了 limit。这里的并发限制是扩/缩容的硬限制。如果平均并发请求数高于此数字，则自动缩放器会创建更多实例。除此之外，还有一个设置（--concurrency-target），这个设置稍有不同——不是设置最大并发级别，而是设置期望的并发量(软限制，当流量突发时允许并发数短暂地超过该值)，可以通过--concurrency-limi 来设置，Knative 会将--concurrency-target 设置为相同的值。第 5 章将详细介绍这一点。当然，也可以在 YAML 中设置这个值，具体如下。

清单 3.41　使用 YAML 来配置并发限制

```
apiVersion: service.knative.dev/v1
kind: Configuration
# ...
spec:
  template:
    spec:
      containerConcurrency: 1
```

上述 YAML 的配置与使用--concurrency-limit 的作用是相同的，即设置每个实例服务的并发请求的最大值。该 YAML 中没有与--concurrency-target 等效的内容。

如果不使用--concurrency-limit 或者不在 YAML 中设置 containerConcurrency，则该值将默认为 0。并且会设置一堆默认值，此处笔者先忽略，在第 5 章中再详细讨论。即便不设置也是没问题的（保留默认值为 0），系统会自动扩容到数个实例并缩容到零个实例。

当然，如果你非常了解什么级别的并发对于软件更有意义，那么可以充分利用并发限制的优势。比如，可能有一个强线程绑定的系统，因此 4 个线程池可以同时处理 4 个请求。在这种情况下，将值设置为 4 或 5（考虑其他类型的缓冲）是有意义的。

不过要记住，性能调优工作主要依靠的是在生产环境中的经验，因为我们发现构建复杂系统比构建简单系统更容易。我们需要做的事是运行工作负载并观察其性能，然后相应地调整设置。

注意　如果将 containerConcurrency 表示为每秒请求数（RPS）而不是并发请求，会不会更容易？答案是肯定的，并且自动缩放器可以被配置为使用 RPS 指标。第 5 章将介绍如何配置。这里解释一下，并发量和 RPS 其实是密切相关的。知道其中一个值，通常可以推导出另一个值，同样，第 5 章将详细介绍这个问题。

3.4.11　超时时间

因为 Knative 服务模块基于同步的请求—回复模型，所以我们在服务模块中必须设置超时时间。timeoutSeconds 可以设置允许 Knative 服务模块等待多长时间，直到软件开始响应请求。

系统的默认值是 5 分钟。更具体地说是 300。这里设置的是整数值。不需要设置为"300s"或者"5m"，只需要设置为"300"。

好处是，默认值可以保证避免由于响应缓慢引起的失败问题。不利的方面是，如果导致响应失败的错误，则会看到自动缩放器在无人值守的情况下，在请求堆积时一直忙着清除副本。

这个设置不是通过 kn 来设置的，而是必须通过 kubectl apply 来设置。最多可以设置为600（10 分钟）。如果尝试设置更高的值，那么 Knative 会校验失败。假设想要使用 9999，则首先需要修改 YAML 配置，如下所示。

清单 3.42　将超时时间设置为较大的值

```
apiVersion: service.knative.dev/v1
kind: Configuration
# ...
spec:
  template:
    spec:
      timeoutSeconds: 9999
```

当然，当使用 kubectl 应用这个 YAML 时，Knative 会校验失败。

清单 3.43　部署失败了

```
$ kubectl apply -f example.yaml
error: configurations.serving.knative.dev "hello-example" could not be
 patched: Internal error occurred: admission webhook "webhook.serving
 .knative.dev" denied the request: validation failed: Saw the following
 changes without a name change (-old +new): spec.template.metadata.name
*{*v1.RevisionTemplateSpec}.Spec.TimeoutSeconds:
  -: "300"
  +: "9999"
expected 0 <= 9999 <= 600: spec.template.spec.timeoutSeconds
```

从上述的错误输出可以看出，错误是哪个组件报出来的（webhook），不允许将字段 timeoutSeconds 从 300 更改为 9999，字段 timeoutSeconds 允许的范围是 0 到 600。

这个范围也有一定的弊端，比如还有很多场景是需要运行超过 5 分钟或 10 分钟的。特别是批处理或类似批处理的场景，通常希望运行的时间尽可能长。

    Knative 服务模块的超时限制可以通过修改安装时的配置来修改。但作为开发人员，不太可能有权限设置该值，因为这是全局配置，会影响在 Knative 上运行的所有内容。在这种情况下，应该采取规范的工程步骤，权衡是否需要调整该值（相应地提高或降低该值）。

3.5　总结

- 多年来，从按计划停机到蓝/绿部署，再到金丝雀部署，最后到渐进式部署，部署流程得到了很大改进。

- 蓝/绿部署的工作原理是在现有版本（绿色）运行时即启动下一版本的软件（蓝色），然后在新版本准备就绪时切换流量。

- 金丝雀部署的工作原理是首先推出软件下一版本的一个或几个副本，然后查看它们是否稳定。如果稳定，则进一步部署（通常为蓝/绿部署）。

- 渐进式部署结合了蓝/绿部署和金丝雀部署的特点，重点是逐步将流量从软件现有版本转移到软件新版本。

- Knative 服务模块支持所有这些部署模式。

- 此外，Knative 服务模块能够同时运行多个版本的软件。这可以使用修订版本来实现。

- 配置是在 Knative 服务模块上运行的软件的定义。

- 创建或修改配置会产生新的修订版本。

- 具体来说，更改配置中的 spec.template.spec 设置会触发新修订版本的创建。

- 配置的 status 提供的是正在运行的修订版本的信息。

- 修订版本必须包含一个容器，这是通过其中的 image 字段指定的。对于初期的调试，可以为容器设置一个名称 name。

- 如果使用的是私有镜像，则可以设置 imagePullSecrets。

- 可以设置 imagePullPolicy，当然也可以不设置。

- Knative 会尝试运行使用者设置的镜像，首先会查找镜像中的 ENTRYPOINT，然后查找修订版本中的 command。如果这两个都消失了，那么修订版本将不再工作。

- 虽然可以配置 command 和 args，但是最好不要这么做。最好是构建和使用具有 ENTRYPOINT 的镜像。

- 既可以使用 env 直接设置环境变量，也可以使用 envFrom 间接设置环境变量。这些值源于 Kubernetes 的 ConfigMap 和 Secret。

- 通过 env 设置的变量会直接复制到修订版本中。通过 envFrom 设置的变量则稍有不同，环境变量在版本发布之后可能会发生变化。

- 通过 kn 来配置挂载文件要容易得多。通过 kubectl 配合 volumeMounts 和 volumes 配置挂载文件会比较复杂。

- 可以为软件配置健康检查探针和就绪探针。

- 如果没有定义探针，那么 Knative 会在已知端口上探测 HTTP 服务。如果没有得到 200 OK，那么 Knative 会假定服务是不可用的。

- 可以为修订版本的实例设置 CPU 和内存的上下限。可以试用 kn 或 kubectl 来设置资源的使用请求和限制。

- 可以通过设置容器并发来告诉自动缩放器每个实例可以同时处理的请求数。

- 如果不设置容器并发，那么 Knative 会为自动缩放器的行为设置合理的默认值。

第 4 章
路由

本章主要内容包括：

- 使用 kn 检查路由。
- 通过使用 kn 更新服务的方式来更新路由。
- 路由原理。

在前面几章中，本书一直强调历史记录的好处，以及 Knative 借助修订版本来实现历史记录的能力。但就修订版本来说，前面几章的介绍还是比较简单的，我们需要了解如何在实践中使用修订版本。

在 Knative 服务模块中，我们需要使用路由功能。Knative 使用路由来描述如何将传入的 HTTP 请求映射到指定的修订版本。本书重点关注 Knative 可以完成哪些实际的业务，对于 Knative 是如何实现这些功能的，本书不再赘述。

到底什么是路由？简单来说，可以通过回答以下三个问题来解释：

- 流量来自哪个地址或者说 URL？
- 流量将发往哪个目标实例上？
- 在不同的目标实例间流量百分比是多少？

在代理配置、路由器、交换机和集线器中，前两个问题（从哪里来，到哪里去）是非常典型的问题。第三个问题，即流量分流或者说流量权重则并不普遍，但还算常见。任何使用路由做的事情，都可以使用其他方式来完成。例如，你可以使用 Kubernetes 原生流量入口控制器（Ingress Controller）来完成类似的功能。或者，可以简单学一下 Nginx，通过手动运行 Nginx 来实现类似的功能。

因此，从某些角度来说，路由不是必需的，但确实是最易用的。就好比你已经有了自行车，但还是需要汽车一样，虽然两者都可以带你到世界各地旅行，但汽车明显更易用。

为什么需要路由的第二个要点是，无论使用的是 Perl、Apache VirtualHosts、Rails，还是 Spring Boot，你都需要将"流量从哪来"和"流量到哪里去"的映射规则存储起来。问题是这些信息应该存储在什么地方呢？它是由应用程序开发人员定义的吗？还是在中心系统中存放和管理的呢？实际上，很可能是上述几种方法的混合体。即便对于单个应用程序，你也需要解决这个问题。

Knative 之所以提供路由，是因为如果你已经习惯了配置和修订版本的使用方式，那么就可以方便地使用 Knative 提供的类似的工具来解决流量问题。虽然我们可以使用中心化的路由工具或者 API 网关，但这些并不能与配置和修订版本完美兼容。如果更新路由，则会依赖隐式关系。但对于路由来说，路由及其目标之间的连接是明确的。

4.1　使用 kn 操作路由

如果你使用 kn 创建 Knative 服务，那么路由也会被同时创建，这在前面章节的示例中可以明显看到。前面我们重点介绍了修订版本，并没有太多介绍路由。本书使用 `service list` 或 `service describe` 来查看服务可访问的地址。

在本节中，我们介绍其他命令。`route list` 和 `route describe` 可以展示路由的详细信息，如清单 4.1 所示。

清单 4.1　使用 kn route list

```
$ kn route list
NAME                URL                                              READY
hello-example       http://working-example.default.example.com      True
broken-example      http://broken-example.default.example.com       False
```

从 `route list`（见清单 4.1）的执行结果，我们可以看到一些基础信息，如名字、URL 是否完备。如果想查看详细的路由信息，则可以使用 `route describe`。

清单 4.2 的输出看起来非常熟悉，它的输出结构和 `kn service describe` 一样。需要注意的关键的区别已经在清单中添加注解了。

清单 4.2

```
$ kn route describe hello-example

Name:      hello-example
Namespace: default
Age:       2d
URL:       http://hello-example.default.example.com
Service:   hello-example

Traffic Targets:
  100% @latest (hello-example-zcttz-8)

Conditions:
  OK TYPE                AGE REASON
  ++ Ready               3h
  ++ AllTrafficAssigned  4h
  ++ IngressReady        3h
```

kn route describe 展示的流量相关信息不需要和 kn service describe 展示的修订版本信息一样复杂，所以这里会更加简洁。

状态栏展示的名字和 kn service describe 或者 kn revision describe 中展示的不一样。

创建路由最简单的方法是让一个服务来生成，这就是 kn 采用的方式。当你执行 `kn service create` 时，kn 会创建一个服务，而服务会创建一个路由。类似地，当用户执行 `kn service update` 时，路由也会更新到标记的新的修订版本上。同样，使用 `kn service delete` 会删除对应的路由。

当然，这并不是路由的全部内容，后面我们继续讲解。

4.2 剖析路由

如前面所述，路由还包含很多的功能，但是从设计上来说，kn 不允许我们直接控制路由。我们可以使用 `route list` 和 `route describe` 来查看路由，但是无法使用 `route update` 或者 `route create` 来更新或者创建路由。

注意 本章采用"循序渐进"的方法，而不是"先易后难"的方法。

大多数时候，这样解释就足够了。但本书希望你理解路由究竟是什么，所以我们再次查看相应的 YAML 文件。首先，我们看一下本书中经常使用的一个例子，如清单 4.3 所示。

清单 4.3　YAML 形式的路由

```
apiVersion: serving.knative.dev/v1
kind: Route
metadata:
  name: route-example
spec:
  traffic:
  - configurationName: hello-example
    latestRevision: true
    percent: 100
```

在上述配置文件中，可以看到很多熟悉的关键字，如 `metadata.name`、`kind` 和 `apiVersion`。路由的核心在配置的 `spec.traffic` 中。实际上，`traffic` 是路由唯一拥有的关键字。

`traffic` 关键字包含流量目标的数组，并且流量目标就是路由的实质内容。你可以仔细看一下配置，接下来我们将 YAML 配置应用到 Kubernetes（见清单 4.4），并使用 `kn` 读取路由配置（见清单 4.5）。

清单 4.4　使用 `kubectl` 创建路由

```
$ kubectl apply -f example.yaml

route.serving.knative.dev/route-example created
```

清单 4.5　继续查看笔者创建的路由 back my Route

```
$ kn route describe route-example

Name:        route-example
Namespace:   default
Age:         1m
URL:         http://route-example.default.example.com

Traffic Targets:
  100% @latest (hello-example-zcttz-8)

Conditions:
```

```
OK TYPE                          AGE REASON
++ Ready                         1m
++ AllTrafficAssigned            1m
++ IngressReady                  1m
```

在清单 4.5 中，路由的状态可总结为简洁的符号"++""!!"或"??"，这种样式在 kn 的其他命令中也是如此。有三种状态需要关注：

- AllTrafficAssigned——表示 Knative 发现了所有 traffic 中配置的流量目标。如果这个数据是 false，则很可能是你把流量目标的名字写错了。

- IngressReady——表示负责 Knative 中流量管理的软件，即流量入口配置已经把路由配置好了。如果这一数据为 false，那么就需要你检查流量入口系统是否已经正常运行。

- CertificateProvisioned——意味着在自动化系统中，TLS证书已经自动生成好了。[1]

Ready 状态是一个相关状态，仅它自己而言，并没有表述很多信息。这是因为它依赖其他两个状态。如果其他状态之一出现（"!!"），那么 Ready 状态同样会出现（"!!"）。

警告 Knative 服务和 Kubernetes 服务并不相同，实际上，它们完全是两种东西，请参阅以下对比。

kubernetes 服务对比 Knative 服务

Kubernetes 服务大致可以算作半个路由。它定义了一个名称，表明了流量可以往服务这里发送，以及流量最终将送达的地方。这是必需的，因为软件副本会不断上下线，并且每次都以新的唯一名称出现。下游客户端不应该跟踪其上游服务器的确切位置。如果你定义了一个 Kubernetes 服务，则下游可以往服务发送流量，并且让 Kubernetes 找到正在运行的软件。

Kubernetes 服务在处理集群内部的流量方面表现最佳。理论上，来自集群外部的流量也可以通过 Kubernetes 服务来发送，但这并不优雅。最终你需要一种专门的服务（负载均衡器），它会运行在特定的基础设施上。这意味着，如果你用 Kubernetes 服务来接收集群外部的流量，

---

1 在上述示例中，你不会看到这一点，因为在 Knative 服务模块中设置证书很大程度上取决于平台运营商。平台运营商要么人工将证书添加到底层的基础设施，要么搭建自动证书系统来设置 CertificateProvisioned 条件。因此，在例子中我们并没有使用 TLS 证书，这只是为了警告你不要轻易这样做。虽然不使用 TLS 证书可以方便地开发，但是这在生成环境中是非常不负责任的，而且会导致速度变慢，因为 HTTP/2 在传输层上严格依赖 TLS。Knative 项目网站上有手动或自动添加 TLS 证书的方法。

则需要使用 AWS、Azure、vSphere 或你自己搭建的负载均衡器，来连接平台外的网络及你的 Kubernetes 集群内的网络。

Kubernetes 中更惯用的方式是将服务作为内部调用，并提供一个 Kubernetes 流量入口配置，这个配置会接收外网流量并将其发送到 Kubernetes 服务上。实际上，路由可以同时解决这两个问题。它会给你提供流量入口配置和 Kubernetes 服务。这太简单了。

但是，正如我们之前所了解的，Knative 服务不仅涉及网络方面的内容，它还汇总了配置和路由；对于特定软件常用的使用方式，Knative 都抽象出了更高级的声明。

当然，二者同样的名称会引起混淆。对于不熟悉 Knative 和 Kubernetes 的人来说，这是可以接受的，我们可以说"尽可能地忽略 Kubernetes 的东西"。但对于经验丰富的 Kubernetes 专业人士来说，这有点烦人。但是，"经验丰富的专业人士"对于某些设计 Knative 的人来说也是一个不错的描述。选择"服务"这个名字并不是偶然的，笔者可以向你保证的是，选择这个名字是经过缜密地讨论的。使用名字"服务"是最好的选择。

4.3 剖析流量目标

前面介绍过，流量是路由的核心。当这个想法越来越成熟时，我们需要重新考虑，即更仔细地观察流量目标（TrafficTarget），因为它会同时出现在 spec 和 status 中。

4.3.1 配置名称和版本名称

在清单 4.3 中，配置中用的是配置名称（Configuration Name）。在 Knative 服务模块完成相关工作后，路由指向了版本名称（Revision Name），但当时并没有深入探究一些复杂的场景。

例如，可以在 spec 中设置版本名称吗？是的，可以尝试，并且和配置名称一样。我们可以更新 YAML 配置（见清单 4.6），并且为了避免混淆，我们重命名路由名称，然后执行这个配置（见清单 4.7）。

清单 4.6　配置版本名称

```
apiVersion: serving.knative.dev/v1
kind: Route
metadata:
  name: route-revname-example
spec:
```

```
traffic:
- revisionName: hello-example
  latestRevision: true
  percent: 100
```

清单 4.7　latestRevision 导致的出错

```
$ kubectl apply -f example.yaml

Error from server (InternalError): error when creating "example.yaml":
➡ Internal error occurred: admission webhook "webhook.serving.knative.dev"
➡ denied the request: validation failed: may not set
➡ revisionName "hello-example" when latestRevision is true:
➡ spec.traffic[0].latestRevision
```

从清单 4.7 中首先可以发现当 latestRevision 为 true 时，我们是无法设置版本名称的。为了了解这个错误的具体含义，我们把 latestRevision 标记为 true，如清单 4.8 所示。

清单 4.8　这次肯定能行

```
$ kubectl apply -f example.yaml

route.serving.knative.dev/route-revname-example created

# 哇!

$ curl -I http://route-revname-example.default.example.com
HTTP/1.1 404 Not Found
date: Thu, 06 Feb 2020 21:33:28 GMT
server: istio-envoy
transfer-encoding: chunked

# 嘘!
```

执行上述的清单代码后，看起来已经成功了，然而当我们尝试访问时却失败了。这是为什么呢？清单 4.9 揭示了答案，有三处代码发生了错误。

清单 4.9　不愉快的尝试

```
$ kn route describe route-revname-example


Name:       route-revname-example
Namespace:  default
Age:        4d
URL:        http://route-revname-example.example.com


Traffic Targets:


Conditions:
 OK TYPE                    AGE REASON
 !! Ready                   4d RevisionMissing
 !! AllTrafficAssigned      4d RevisionMissing
 ?? IngressReady            4d
```

不出所料，另外两个条件的组合意味着 Ready 的条件是（!!）。

AllTrafficAssigned 的条件是（!!），理由是 RevisonMissing。这是有道理的，即如果缺少修订版本，则无法分配流量。

IngressReady 的条件是（??），表示状态未知。这也是有道理的。如果没有发送流量的地方，则 Knative 甚至无法了解到 Ingress 的情况。

在结束这次尝试之前，首先需要指出的是，如果你依赖 kubectl apply 来创建配置并且出错，那么你可能就遇到麻烦了。记住，kubectl 只负责提交 spec，并不负责报告该提交的具体状态。如果想知道提交出错的原因，则需要重新查询。所以，如果你正在创建服务，那么 kn 作为交互式 CLI 工具会有更好的体验，即它会先等待路由成功配置，再宣布成功。

让我们思考一下，假如我们使用实际存在的修订版本名称，如清单 4.10 所示。然后，再来看看这是否有效（见清单 4.11）。

清单 4.10　第二次尝试，配置修订版本名称

```
apiVersion: serving.knative.dev/v1
kind: Route
metadata:
  name: route-revname-that-works-example
spec:
  traffic:
  - revisionName: hello-example-zcttz-8
    latestRevision: false
    percent: 100
```

清单 4.11 耶!

```
$ kubectl apply -f example.yaml
route.serving.knative.dev/route-revname-that-works-example created

$ curl http://route-revname-that-works-example.default.example.com
Hello world: First
```

如果你同时设置配置名称和版本名称，会发生什么？答案如清单 4.12 所示，这会导致 Knative 配置出错。也就是说，你一次只能设置一个。

清单 4.12 一次只能设置一个

```
expected exactly one, got both: spec.traffic[0].configurationName,
    spec.traffic[0].revisionName
```

4.3.2 最新版本

提供 latestRevision 配置的组件和提供配置名称的组件必须相互协调。当将 latestRevision 配置设置为 true 时，就相当于你请求 Knative 服务模块在任何时候都更新路由以指向最新的修订版本。如果不是这种情况，则不得不做以下几个操作：

（1）更新配置。

（2）找到最新的修订版本。

（3）自己更新路由。

latestRevision 配置与 Configuration 的这种关系与我们前面尝试从 configurationName 切换到 revisionName 时遇到问题的原因一样。修订版本本身不知道它是不是最新的。"最新"的这个概念属于配置。

当将 latestRevision 设置为 false 或完全忽略它（这会被视为 false）时，你需要提供一个 revisionName，这被称为"固定"路由。这意味着当配置更改时，路由不会自动更改以指向新的 Revision，它会一直指向已经配置过的版本。综上所述，表 4.1 展示了相关结论。

表 4.1 latestRevision 和名字间的关系

	设置版本名称	设置配置名称
latestRevision 设置为 true	错误。你只能选择"固定"或"动态"中的一个	正确。路由将指向配置对应的最新版本
latestRevision 设置为 false 或忽略	正确。路由将指向固定的版本。配置的修改会被忽略	错误。你希望路由指向特定的版本，但是没有提供版本名称

当你使用 kn service 创建服务记录或使用 kubectl 提交服务记录时，latestRevision 默认为 true。这是一个明智的默认设置，因为这样开发人员可以付出最小的成本来使用。

但是，如果你正在使用可以专门控制流量分配的工具，那么可能就不希望配置来帮忙完成一切工作。在这种情况下，你可以设置 latestRevision:false 来告诉 Knative，你会自己控制流量和版本关系。

4.3.3 标签

在第 2 章中，本书使用了如清单 4.13 所示的技巧。

清单 4.13 分流 50/50

```
$ kn service update hello-example
  \ --traffic hello-example-bqbbr-2=50
  \ --traffic hello-example-nfwgx-3=50

Updating Service 'hello-example' in namespace 'default':

  0.057s The Route is still working to reflect the latest
         ➥ desired specification.
  0.072s Ingress has not yet been reconciled.
  1.476s Ready to serve.

Service 'hello-example' updated with latest revision 'hello-example-nfwgx-3'
       ➥ (unchanged) and URL: http://hello-example.example.com

$ curl http://hello-example.example.com
Hello Second!

$ curl http://hello-example.example.com
Hello world: Second
```

要点是使用--traffic 使你能够在指定修订版本间设置路由百分比。但有时，你不想要百分比，而是需要确定性。假设现在有两个修订版本，rev-1 和 rev-2。如果你想要确保请求到达 rev-1，那么可以将其百分比设置为 100%。

然而，这可能不是你想要的。虽然这可以保证所有请求都进入 rev-1，但是这也会使每个人的请求都如此。如果你的目的是调试一个不稳定的函数，那么这种设置方式会导致一些问题。也就是说，需求的本质可以分为两个不同的问题：

- 如何使用共享名称在修订版本之间分配流量？
- 如何直接定位特定的修订版本？

设置标签可以让你直接定位特定的修订版本。假设你已经创建了一个具有两个修订版本的服务，那么你可以为不同的修订版本分别加上标签 stu（版本 1）和 dua（版本 2）。具体操作如清单 4.14 所示。

清单 4.14   设置标签

```
$ kn service create satu-dua-example
  \ --image gcr.io/knative-samples/helloworld-go
  \ --env TARGET=Satu
# 省略服务的创建和修订版本 "satu-dua-example-brvhy-1"


$ kn service update satu-dua-example
  \ --env TARGET=Dua


# 省略修订版本 "satu-dua-example-snznt-2"


$ kn service update satu-dua-example
  \ --tag satu-dua-example-brvhy-1=satu
  \ --tag satu-dua-example-snznt-2=dua


Updating Service 'satu-dua-example' in namespace 'default':

0.052s The Route is still working to reflect the latest
        ➥ desired specification.
0.246s Ingress has not yet been reconciled.
```

```
1.568s Ready to serve.

Service 'satu-dua-example' with latest revision 'satu-dua-example-snznt-2'
    ➥ (unchanged) is available at URL:
    ➥ http://satu-dua-example.default.example.com
```

注意 添加标签不会导致新的修订版本被删除。这是因为标签是路由的一部分，而不是配置的一部分。此外，标记修订版本不会创建新的修订版本。

现在的情况是什么样子的呢？我们可以通过检查清单来看一下具体情况，见清单 4.15。

清单 4.15 三个目标

```
$ kn route describe satu-dua-example
Name:      satu-dua-example
Namespace: default
Age:       16d
URL:       http://satu-dua-example.default
           ➥ .example.com ◁─────────────────  主 URL 仍然可用。发送到此 URL
                                                的任何内容都将根据流量目标进
Service:   satu-dua-example                     行分流。


Traffic Targets:                                100% 的流量都流向 @latest，因为在清单中
  100% @latest (satu-dua-example-snznt-2) ▷─    更新 --tag 时没有更新任何 --traffic
                                                设置。@latest 标签是一个指向最新版本的
                                                动态指针。这与在 latestRevision 为
    0% satu-dua-example-brvhy-1 #satu           true 时将指向的修订版本相同。
       URL: http://satu-satu-dua-example.default
           ➥ .example.com ◁──────────────      satu-dua-example-brvhy-1 设置
                                                了标签 satu。同样，satu-dua-
    0% satu-dua-example-snznt-2 #dua            example-snznt-2 设置了标签 dua。
       URL: http://dua-satu-dua-example.default
           ➥ .example.com ◁──────────────


Conditions:
    # ...
```

现在有趣的是：除普通的 URL 外，服务现在还有只会路由到特定标签的特殊 URL。

下面测试理论，见清单 4.16。

清单 4.16　请求两个特殊 URL

```
$ curl http://satu-satu-dua-example.default.example.com
Hello Satu!

$ curl http://dua-satu-dua-example.default.example.com
Hello Dua!
```

注意　这些 URL 会遵循可预测的模式。流量根据流量目标规则配置的主 URL 仅包含服务名称（http://.default.example.com）。但是每个配置了标签的修订版本现在都有一个格式为 http://-.default.example.com 的 URL，即在主 URL 前面带上了标签生成的新的 URL。因此，satu-satu-dua-example 指向#satu，后者指向 satdua-example-brvhy-1。

现在有了标签，你就可以使用这些标签来分流了，如清单 4.17 所示。这与使用修订名称来分流完全相同。

清单 4.17　在标签间分流

```
$ kn service update satu-dua-example
  \ --traffic satu=50
  \ --traffic dua=50

# 省略更新服务的输出

$ kn route describe satu-dua-example

Name:       satu-dua-example
Namespace:  default
Age:        3h
URL:        http://satu-dua-example.default.example.com
Service:    satu-dua-example

Traffic Targets:
    50%   satu-dua-example-brvhy-1 #satu
          URL: http://satu-satu-dua-example.default.example.com
    50%   satu-dua-example-snznt-2 #dua
          URL: http://dua-satu-dua-example.default.example.com
```

在清单 4.17 中，我们可以看到流量将在 stu 和 dua 之间按照 50/50 分配，并且@latest 不会成为流量目标之一。明确设置流量总量可以告诉 Knative 服务模块你需要的是什么。在升级的配置中，这会显示为 latestRevision: false。

如果你创建另一个修订版本会怎样？实际情况可能不会被预料到：修订版本存在，但无法接收流量。清单 4.18 显示了使用 kn 返回的情况。

清单 4.18　Tiga 修订版本不会有流量

```
$ kn service update satu-dua-example --env TARGET=Tiga
# 省略创建新的修订版本


$ kn service describe satu-dua-example
Name:      satu-dua-example
Namespace: default
Age:       3h
URL:       http://satu-dua-example.default.example.com

Revisions:
  +   satu-dua-example-rbbxk-5
        ➡ (current @latest) [3] (36s)          ← 这里不是 0%，
        Image: gcr.io/knative-samples/helloworld-go (pinned to 5ea96b)   而是符号"+"。
  50% satu-dua-example-snznt-2 #dua [2] (3h)
        Image: gcr.io/knative-samples/helloworld-go (pinned to 5ea96b)
  50% satu-dua-example-brvhy-1 #satu [1] (3h)
        Image: gcr.io/knative-samples/helloworld-go (pinned to 5ea96b)

# 省略 Conditions 字段
```

箭头处显示了清单 4.18 中的新事物。在当前时刻，路由正在设置此修订版本的流量为 0，也就是说，此刻这个修订版本尚未被排除，最终，它会被完全排除在路由之外。我们可以在清单 4.19 中弄清楚这一点，因为如果我们查看的是路由而不是服务，则根本不存在第三个修订版本。

清单 4.19　Tiga 不见了

```
$ kn route describe satu-dua-example
```

```
Name:        satu-dua-example
Namespace:   default
Age:         3h
URL:         http://satu-dua-example.example.com
Service:     satu-dua-example

Traffic Targets:
    50%  satu-dua-example-brvhy-1 #satu
         URL: http://satu-satu-dua-example.default.example.com
    50%  satu-dua-example-snznt-2 #dua
         URL: http://dua-satu-dua-example.default.example.com
```

看到这时可能你依然感到困惑，图 4.1 或许看起来更明确。

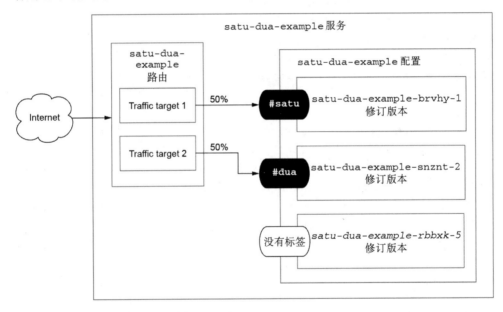

图 4.1　服务、路由、配置、修订版本和标签之间的关系

　　从表面上看，这些操作看起来似乎有点傻。如果你不打算为其提供任何流量，为什么还要创建修订版本？最新和最伟大的东西不应该总是在聚光灯下吗？很多时候，是的。在开发环境中更是如此。这也是 Knative 服务模块默认会设置 latestRevision 为 true，然后自动更新动态标签 @latest 的原因。

　　但是当你手动配置流量百分比时，这种自动行为会停止，你会获得完全控制权。这是合理的做法，否则，你会经常被服务模块的控制器困在奇怪的矛盾中。手动配置流量是一种有效的逃避控制的方法。

　　需要注意的是，逃避有时是错误的。幸运的是，你可以很容易地避免这种行为，因为 @latest 始终可以作为标签使用，见清单 4.20。

清单 4.20　打开自动流量配置的开关

```
$ kn service update satu-dua-example
  \ --traffic satu=33
  \ --traffic dua=33
  \ --traffic @latest=34

# 省略更新服务的输出

$ kn service describe satu-dua-example
Name:       satu-dua-example
Namespace:  default
Age:        3h
URL:        http://satu-dua-example.example.com

Revisions:
    34%  @latest (satu-dua-example-rbbxk-5) [3] (20m)
         Image: gcr.io/knative-samples/helloworld-go (pinned to 5ea96b)
    33%  satu-dua-example-snznt-2 #dua [2] (3h)
         Image: gcr.io/knative-samples/helloworld-go (pinned to 5ea96b)
    33%  satu-dua-example-brvhy-1 #satu [1] (3h)
         Image: gcr.io/knative-samples/helloworld-go (pinned to 5ea96b)

# 省略 Conditions 字段

$ kn route describe satu-dua-example
Name:       satu-dua-example
Namespace:  default
Age:        3h
URL:        http://satu-dua-example.example.com
Service:    satu-dua-example
```

```
Traffic Targets:
    33%  satu-dua-example-brvhy-1 #satu
         URL: http://satu-satu-dua-example.example.com
    33%  satu-dua-example-snznt-2 #dua
         URL: http://dua-satu-dua-example.example.com
    34%  @latest (satu-dua-example-rbbxk-5)
```

省略 Conditions 字段

在清单 4.20 中，我们可以看到第三个修订版本在服务和路由中都可见。而且，图 4.2 展示了当前流量的关系。

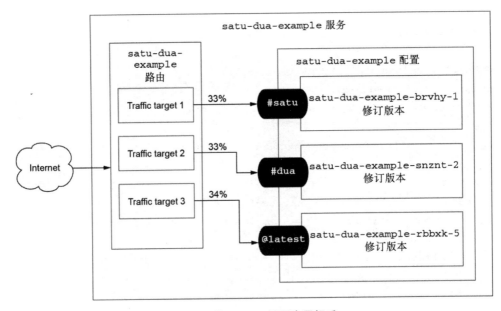

图 4.2　将@latest 设置为目标后

下面我们继续分析。我们已经重新启用了@latest，并且在服务模块下，latestRevision:true 也已经配置在 satu-dua-example-rbbxk-5 上了。如果我们添加第四个修订版本，那么第三个修订版本会怎样？还会有流量吗？其他修订版本会变化吗？我们通过清单 4.21 来获得答案。

清单 4.21　添加第四个修订版本，然后查看服务

```
$ kn service update satu-dua-example --env TARGET=Empat
# 省略创建新的修订版本
```

```
$ kn service describe satu-dua-example
Name:       satu-dua-example
Namespace:  default
Age:        3h
URL:        http://satu-dua-example.example.com

Revisions:
    34%  @latest (satu-dua-example-lqlqj-7) [4] (38s)
         Image: gcr.io/knative-samples/helloworld-go (pinned to 5ea96b)
    33%  satu-dua-example-snznt-2 #dua [2] (3h)
         Image: gcr.io/knative-samples/helloworld-go (pinned to 5ea96b)
    33%  satu-dua-example-brvhy-1 #satu [1] (3h)
         Image: gcr.io/knative-samples/helloworld-go (pinned to 5ea96b)
```

省略 Conditions 字段

```
$ kn route describe satu-dua-example
Name:       satu-dua-example
Namespace:  default
Age:        3h
URL:        http://satu-dua-example.example.com
Service:    satu-dua-example

Traffic Targets:
    33%  satu-dua-example-brvhy-1 #satu
         URL: http://satu-satu-dua-example.example.com
    33%  satu-dua-example-snznt-2 #dua
         URL: http://dua-satu-dua-example.example.com
    34%  @latest (satu-dua-example-lqlqj-7)
```

省略 Conditions 字段

清单 4.21 发生了一些意外的事情，即第三次修订版本完全消失了。第四个修订版本 satu-dua-example-lqlqj-7 已作为@latest 被接管。但是 route describe 和 service describe 都没有显示第三次修订版本的任何迹象。

好消息是第三次修订版本并没有永远消失。你可以通过 `kn revision list` 看到这一点，正如清单 4.22 所示。

清单 4.22　找到"躲猫猫"的了

```
$ kn revision list

NAME                       TRAFFIC   TAGS    GENERATION   CONDITIONS   READY
satu-dua-example-lqlqj-7   34%               4            3OK/4        True
satu-dua-example-rbbxk-5                     3            3OK/4        True
satu-dua-example-snznt-2   33%       dua     2            3OK/4        True
satu-dua-example-brvhy-1   33%       satu    1            3OK/4        True
# 省略 SERVICE、AGE 和 REASON 三列的信息
```

清单 4.22 显示了所有的修订版本，包括流量百分比和标签。图 4.3 显示了整个架构。

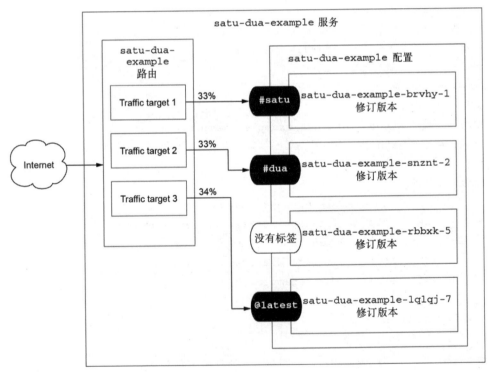

图 4.3　在添加第四个修订版本后，第三个修订版本不再接收流量

前面介绍说可以使用 `@latest` 重新启用自动流量配置，是错了吗？答案和之前是一样的，

"只能更新一部分的流量配置"。你可以重新使用@latest 作为基于修订版本创建动态流量目标的方式，但这不会重置手动配置的任何其他内容，只是分配给@latest 的比例会被动态调整。其他配置都是固定不变的，直到你重新配置。

这意味着全自动流量配置实际上是部分自动流量配置的特例。如果 100%的流量都流向@latest（这是默认规则），那么看起来就是完全自动化的。对于开发人员来说，这是一种极好的体验，但是在生产环境中，你可能需要进行更精确的控制。

需要权衡的是，一旦你通过命名确定修订版本，那么流量配置与修订版本之间的关系就不能动态调整了，只有在修订版本上通过打标签来进行关联流量配置才能解决这个问题。

笔者的第一直觉是再次使用--tag，但这次是对不同的目标使用--tag。结果证明这是行不通的，清单 4.23 说明了这一点。

清单 4.23 标签不能覆盖

```
$ kn service update satu-dua-example --tag satu-dua-example-lqlqj-7=satu

refusing to overwrite existing tag in service,
    ➥ add flag '--untag satu' in command to untag it
```

幸运的是，我们从 kn 那里得到了关于如何做的提示，即需要通过--untag 目标来释放标签本身，在清单 4.24 中可以看到具体情况。

清单 4.24 释放 satu 标签

```
$ kn service update satu-dua-example --untag satu
# 省略路由更新信息
```

现在我们已经释放了 satu 标签，带有 satu 标签的流量会如何呢？见清单 4.25。

清单 4.25 释放 satu 标签后的路由

```
$ kn route describe satu-dua-example

Name:       satu-dua-example
Namespace:  default
Age:        4h
URL:        http://satu-dua-example.example.com
Service:    satu-dua-example
```

```
Traffic Targets:
    33%  satu-dua-example-brvhy-1
    33%  satu-dua-example-snznt-2 #dua
         URL: http://dua-satu-dua-example.example.com
    34%  @latest (satu-dua-example-lqlqj-7)
```

```
# 省略 Conditions 字段
```

Knative 服务模块选择安全。这意味着当删除作为流量目标的 `stu` 标签时，服务模块会替换标签指向的修订版本。之前分配给 `satu` 的 **33%**流量现在分配给了 `satu-dua-example-brvhy-1`，如图 4.4 所示。

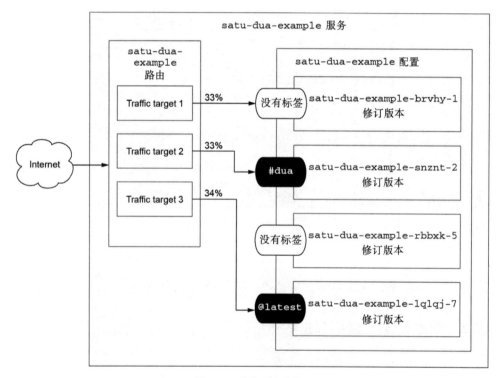

图 4.4 流量目标剖析

对于正向流量，即通过主 URL 的流量，不会有明显的变化。在相同的三个修订版本中，流量仍然以三种方式分配。

对于直接点击`<tag>-<servicename>`URL 的用户来说，会发现该 URL 已停止工作，并开始返回 404 错误。

但现在，至少标签可以自由地重新分配。清单 4.26 中执行了重新分配。

清单 4.26 将 satu 标签设置为不同的修订版本

```
$ kn service update satu-dua-example --tag satu-dua-example-lqlqj-7=satu

# 省略路由更新信息
```

但是当我们检查 Route 时，再次被意外的行为所吸引。清单 4.27 揭示了这一行为。

清单 4.27 思考一下

```
$ kn route describe satu-dua-example
Name:       satu-dua-example
Namespace:  default
Age:        4h
URL:        http://satu-dua-example.default.example.com
Service:    satu-dua-example

Traffic Targets:
    33%  satu-dua-example-brvhy-1
    33%  satu-dua-example-snznt-2 #dua
         URL: http://dua-satu-dua-example.default.example.com
    34%  @latest (satu-dua-example-lqlqj-7)
    0%   satu-dua-example-lqlqj-7 #satu
         URL: http://satu-satu-dua-example.default.example.com
```

我们希望在清单 4.27 中看到的是，在 satu 标签更新到新的修订版本后，当前流向没有标签的 satu-dua-example-brvhy-1 修订版本的 33%流量会被转移到 satu-dua-example-lqlqj-7 上，但这并没有发生。

原因是，当你第一次取消标签时，Knative 对 satu 的控制被破坏了，Knative 将修订版本替换上，以确保路由会继续像以前一样发挥作用。当我们重新引入 satu 标签时，Knative 已经忘记了它以前的存在。新标签将得到与其他标签相同的处理：创建一个可访问的 URL，并将标签添加到路由，但被分配了 0%的流量。流量架构如图 4.5 所示。

--tag 和--traffic 的目的是让你能够精确控制部署的发生方式。如果你感觉配置烦琐，那么默认@latest 的行为就可以了。此时就像是一个蓝/绿发布，流量不会被丢弃，一切都正常运行。在第 9 章中我们将介绍更高级的功能。

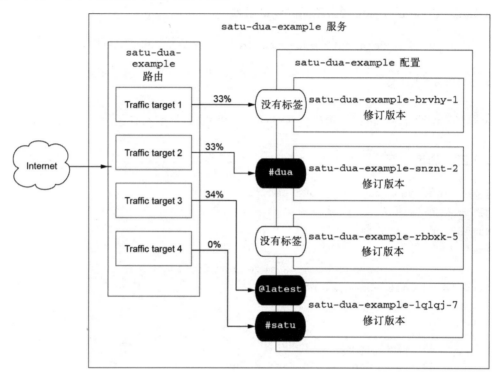

图 4.5　添加 satu 标签不会重新分配流量

4.4　总结

- 路由是你向 Knative 描述理想流量从哪里来和到哪里去的方式。
- 路由是服务的一部分。
- 你可以使用 kn routes 子命令列出和描述路由。
- 路由可以有各种状态，主要包括 AllTrafficAssigned、IngressReady 和 Certificate-Provisioned 三种。
- 路由的核心是流量目标列表。这些在 kn 命令的 Traffic Targets 中可以看到，在 YAML

配置的 spec.traffic 和 status.traffic 中也可以看到。

- 流量目标可以有一个配置名称、修订名称或标签。

- 流量目标可以被自动化配置，即使用 latestRevision:true 或使用特殊的 @latest 标签。

- 标签是你可以附加到特定修订版本上的名称，并且可以用来定位版本。你可以随意添加和删除标签。

- 标签和 @latest 是如何工作的规则并不明显。你可以跳过使用标签，直到需要精确控制部署过程时再使用标签。

第 5 章
自动扩/缩容

本章主要内容包括：

- 自动缩放器要解决的问题。

- Knative 服务模块的自动扩/缩容在不同场景下的工作方式。

- 核心自动扩/缩容算法。

- 自动扩/缩容的可选配置项。

　　自动扩/缩容以一种罕见的方式来开启工程上的想象力。开发者构建的系统大多数是死板的，但是建立一个有"灵性"的系统在某种程度上是独一无二的。然而，令人沮丧的是，事实证明，自动扩/缩容说起来容易，做起来难。今天运行稳定的系统明天有可能就崩溃。

　　本章的目标是解释 Knative 服务模块中负责扩/缩容的相关组件的基本结构和功能：自动缩放器、触发器和队列代理。大多数情况下，你是不需要考虑这些的，因为这些体现了 Knative 作者积累的经验与见解。不过，这些系统是动态的，会展现出动态系统的复杂性，这也意味着你在一些场景中会感到奇怪。在掌握这些组件的原理之后，你将不会对系统的某些行为感到奇怪。

笔者将自动缩放器、触发器和队列代理称为"扩/缩容三剑客"。这么称呼主要想说明自动扩/缩容是这三个组件共同作用的结果。至于这些组件本身是不是可以自动扩/缩容并不重要。它们各自的角色和职责在 Knative 项目的生命周期中逐渐演进成了当前的分工。

5.1　自动扩/缩容问题

自动扩/缩容这个行为本身是很容易描述的。比如笔者有个需求，并想满足这个需求。笔者需要一定数量的资源来满足这个需求，并且希望计算和获取资源的能力能够自动化。

有时，系统希望在实现预期需求之前完成计算和资源容量的准备工作（通常称为预测性扩/缩容），有时希望根据当前条件在短时间内做出决定（反应性自动扩/缩容）。Knative 的 Pod 自动缩放器（KPA）可以被称为反应式自动缩放器。

如果仔细思考一下，就会发现预测性扩/缩容和反应性自动缩放器具有相同的基本结构：控制循环。两者的区别是不同的控制回路有不同的观察窗口和决策频率。

无论控制循环的反应速度是快还是慢，目的都是减少需求和容量之间的不匹配，如图 5.1 所示。但即便这样的定义也隐藏了大量的复杂性。例如，如何衡量需求？如何测量容量？Kubernetes 中包含的横向 Pod 自动缩放（HPA）默认使用 CPU 消耗作为需求和容量的度量。这对于系统来说计算很容易，但 CPU 通常不能很好地代表你的需求，只是需求最后的表现形式是 CPU。比如笔者点比萨，但笔者对比萨烤箱的温度不感兴趣，笔者只对什么时候可以吃到比萨感兴趣。

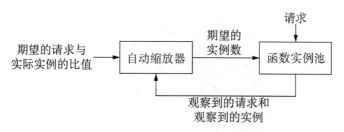

图 5.1　把自动缩放器看成一个控制循环

但这并不是 KPA 必须要解决的最困难的事情。棘手的问题是缩容到零，并从零启动。软件实例从 1 个副本到 10 个副本再到 100 个副本，主要是数量上的差异，这只是量变。但是从 0 到 1 不一样，这是质变。

矛盾的是，出现这种质的差异是因为开发者想屏蔽这种质的差异。最终，用户不必感知到软件实例是否缩容到零还是扩容到一千个，他们只想请求能够及时地得到回应。

因此，软件必须在没有实例的时候能够缓冲请求流量。系统必须能够观察流量需求，以便快速地做出扩容决定。而且一旦做出扩容决定，就必须确保扩容出来的实例能够抗住缓冲的流量。Knative 要处理的问题是如何快速地扩/缩容。扩/缩容受以下几点限制：

- 用户不应该感知到软件实例已缩容到零。
- 当请求流量过大时，软件不应该崩溃。
- 平台不应该过多地浪费资源。

上述三点在两个维度上的表现是不一样的：到达的请求数量和可用于服务的实例数量。笔者将它们分为三类。

- 请求量：
  - 零请求。
  - 单个请求。
  - 多个请求。
- 实例数：
  - 零实例。
  - 单个实例。
  - 多个实例。

此处列出了九种不同的操作机制（见图 5.2），其中，自动缩放器以不同的方式扩容、缩容或者保持不变。每次我们需要大致判断 KPA 应该做什么时就可以看一下图 5.2。比如，一个实例、多个请求很可能会造成恐慌（急速扩容），零实例、零请求则保持静默就好了。

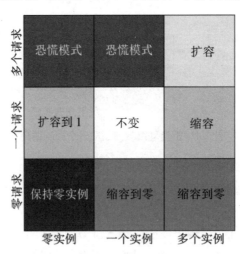

图 5.2　请求实例对比图

在本章中，笔者将按照先实例后请求的顺序来讨论，然后根据实例的扩/缩容来逐渐加深阅读。请求量的变化或多或少地像潮汐、辐射，或是比萨外卖，这非常重要，但很多时候也超出了你的控制。

5.2　零实例下的自动扩/缩容

当没有实例时，触发器（见第 2 章）是至关重要的一环。或者更准确地说，它是默默无闻的守门员。因为当修订版本缩容到零时，所有的请求流量都会到达触发器。

第 4 章展示的所有的图例中都没有出现触发器的身影。流量直接从路由中的流量目标流向各个修订版本，或者使用标签作为目标。仔细观察，你会发现第 4 章的图中用的都是实线箭头。那么当有大量箭头时，触发器又在哪里？

你可以仔细观察图 5.3 来进一步理解。为了简化，此处假设只有一个修订版本，忽略所有与服务、配置和路由有关的内容，只聚焦于流量和修订版本。

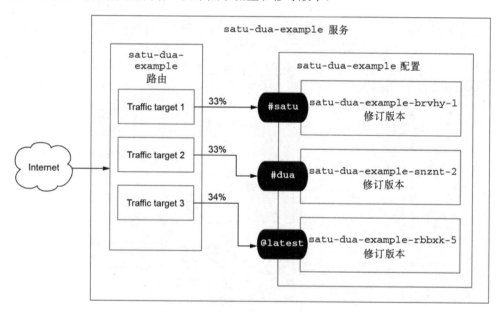

图 5.3　按流量版本的比例进行路由

在第 4 章中，笔者给出的解释是，路由将 100% 的流量都发送给了含有 @latest 标签的修订版本，该标签恰好挂在唯一的修订版本 autoscaler-example-qstha-1 上。图 5.4 中的虚线中的内容表示的是 "无实例"。图 5.5 引入了触发器。

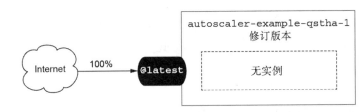

图 5.4 单个修订版本

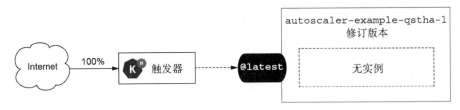

图 5.5 引入触发器

图 5.5 展示了当系统没有运行实例时，路由和修订版本的情况，触发器成为流量的真实目标。虚线表示的是，当前既没有流量，也没有实例，只有触发器在监听流量。

图 5.5 展示的比较简单，实际上系统的实现是比较复杂的。有几种不同的实现方法，具体取决于是否使用 Istio 在服务网格中接管系统所有的网络功能。但是对于外部请求或者使用 kn 的人来说，这是没有区别的。对外应该屏蔽具体的网络实现。接下来看一下当没有没有运行实例时，如果请求到来，修订版本会发生什么情况（见图 5.6）。

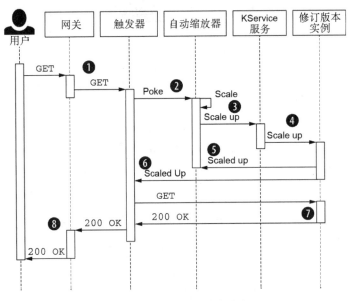

图 5.6 零实例时的首个请求

分解图 5.6 中的序列图可以看到：

①用户发送 GET 请求。请求首先到达网关，网关立即将请求转发给触发器。

②触发器缓存请求，然后触发自动缩放器。

③自动缩放器做出扩容决定，将实例扩容到 1。自动缩放器将 Knative 服务更新为期望一个实例的状态。

④启动新的修订版本实例。

⑤自动缩放器观察到实例已经扩展到 1。

⑥触发器观察到一个修订版本的实例现在处于活动状态。

⑦触发器将其缓冲的请求转发到修订版本实例。该实例发送请求响应。

⑧响应从触发器通过网关流向用户。

上述过程结束后，当前系统中修订版本有一个实例在运行（见图 5.7）。但是请注意，在图 5.7 中，流量仍然会流经触发器。这是一种处理突发流量的安全措施。触发器对自动缩放器执行一种镜像计算，它不是根据请求的数量来决定应该运行多少个实例的，相反，它是根据当前可用的实例可以服务的请求数量来决定是否将自身保留在请求路径中的。

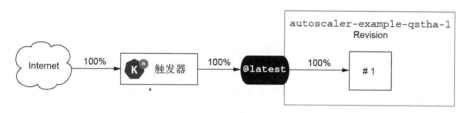

图 5.7　单个实例

这在从零开始缩放时最为明显。当没有实例运行时，系统可用容量必然为零，直到有几个实例正常运行时才是正常的。

自动缩放器的恐慌模式

你可能想知道如果同时出现多个请求会发生什么？在前面的例子中，笔者讨论了实例从零到一的过程，是由从没有请求到第一个请求来触发的，一切都非常顺利。但是，如果短时间内出现大量请求，那么自动缩放器会做一些不同的事情：出现恐慌。

实际上，真正的情况是自动缩放器会切换到恐慌模式。笔者认为这是个好名字，可以让人们了解到扩/缩容的程度。在恐慌模式下，自动缩放器主要做两件事（不同于正常模式）。

首先，系统对当前的请求数量会变得更加敏感。自动缩放器通常会根据过去 60s 的平均值做出扩/缩容决定。在恐慌模式下，采集数据的时间窗口会下降到 6s。这使得自动缩放器对突发流量更加敏感。你可能好奇为什么在这种情况下需要恐慌模式。因为在短时间窗口下，自动缩放器更加敏感，反应更为迅速。

短时间窗口会让自动缩放器更容易受到噪声信号的影响。请求的到达是有一定的随机性的，数秒出现的密集请求或是可能的请求在一分钟之内就消失了。一个总处于高度敏感状态的自动缩放器会不停地工作（不停地调整它所控制的实例数）。想象一下，你管理着一家汽车厂，然后根据最近一小时的销售数据四处招聘和解雇工人。

这就解释了为什么恐慌模式是一种特殊模式。但是这种模式会不会表现出不停地工作这种行为（如上文所述）？

这其实引出了关于恐慌模式的第二件事：它不会快速缩容。自动缩放器在恐慌模式下会依然正常进行扩/缩容的计算，由于灵敏度的增加，6s 的时间窗口计算出来的数据其实是上下跳跃的。为了安全起见，自动缩放器会忽略任何缩容的决定，直到恐慌模式结束。这可以防止不停地工作这种行为，因为系统只能扩容，不能缩容。

5.3 少量实例状态下的自动扩/缩容

少量实例状态下的自动扩/缩容与缩容到零和扩容到多实例的情况有所不同。通常情况下，如果处于稳定状态（请求流量在 1m 内相对稳定，需求变化缓慢），则自动扩/缩容会在这个阶段保持稳定。

这种情况在人类社会中十分常见，因为人类产生的需求其实是有一定的周期性规律的。在一天、一周或者一年的时间周期中，总能找到重复的情况。

在统计学中，这类属性被称为季节性。调整季节性对于区分某件事是周期性发生还是偶尔发生至关重要。如果想构建一个预测自动扩/缩容，这其实是很重要的（Netflix 的 Scryer 就是做这件事的）。

季节性对于预测性自动缩放器来说是一个问题，但对于像 Knative 这样的反应式自动缩放器来说并不是问题。扩容方式是周期性增加的还是由于流量需求增加的，对 Knative 来说并不重要。Knative 只是尽量将实例与流量需求相匹配。

根据 Knative 的相关配置，触发器会在这个阶段将自己从流量的数据路径中删除。取而代之的是，缓冲流量的责任由每个实例的队列代理来承担。

队列代理是一个 sidecar 容器。当创建服务或配置时，Knative 会将队列代理添加到 Pod 中。队列代理与业务容器分别在单独的容器中运行，但可以控制 HTTP 请求（见图 5.8）。修订版本的每个实例都将运行自己的队列代理。

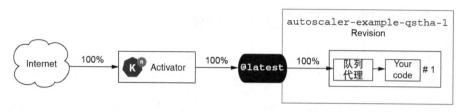

图 5.8　触发器和队列代理

队列代理主要有两个作用。首先，队列代理是应用程序前面的一个小型的缓冲区，用于平滑地请求和响应流。其次，队列代理可以为自动缩放器采集请求数据。

也就是说，现在 Knative 有两个缓冲区：触发器和队列代理。设置两个缓冲区主要有以下几点考虑。

首先，一个请求一旦被发送到一个修订版本的实例，那么该请求就不能被发送到另一个修订版本的实例。如果队列代理的缓冲区很大，就会看到响应时间和错误率一直在增加。当一个实例正常运行，且各方面都很健康时，发送该实例的请求会被快速响应，此时缓冲区不会被填满。当实例有问题时，发送到该实例的请求可能会被快速堆积。总体而言，在请求花费的总时间中，很大一部分是消耗在不健康的实例上的。队列代理的缓冲区越小，意味着当请求过来时实例会越快地处理请求。

其次，并不是每时每刻都有两个缓冲区的。当正常运行的实例足够多时，触发器会将自身从数据路径中移除，此时队列代理就是唯一的缓冲区，尽管这个缓冲区很小。在这种情况下，仍然需要队列代理来收集统计信息和平滑请求。每个实例中的队列代理如图 5.9 所示。

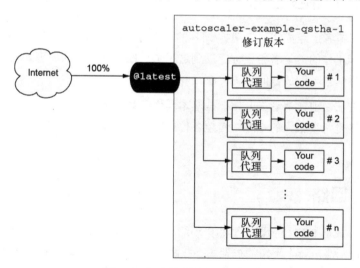

图 5.9　每个实例中的队列代理

5.4 大量实例状态下的自动扩/缩容

当请求流量较大时，Knative 会启动大量实例来满足流量需求。如 5.3 节所述，这意味着请求流量会直接流到队列代理中，无须触发器的参与（见图 5.9）。

当实例较多时，有个有趣的特性，即随着需求的增加，系统需要按比例增加容量。此时规模经济（也叫作平方根定则）正在起作用，这个名字来自客服中心。

客服中心面临的问题与自动缩放器很像，比如：需求具有周期性，但有时又有些随机性。客户讨厌等待，但客服中心讨厌为空闲的座席付费（"讨厌"这个词经常出现在客服中心的上下文中）。每个班次应分配多少名客服？

你可以这么认为：当有十倍的连线呼叫时意味着有十倍的客户。但事实并非如此。需求的到达和完成呼叫所需的时间是可变的。随着员工数量的增加，现在至少有一名客服可以接听电话的可能性也会增加。事实证明，按照与需求的平方根成正比来增加员工是最合理的，这样能够很好地满足需求。

自动缩放器不直接应用这个规则，但它试图控制每个特定实例的负载水平，或多或少地类似于客服中心的场景。在低流量水平下，会看到实例成比例地增加。在高流量水平下，变化将相对温和。从 1 个实例到 2 个实例容量增加了 100%，从 100 个实例到 101 个实例容量只增加了 1%。

5.5 自动扩/缩容理论

到目前为止，笔者已经描述了自动扩/缩容的三剑客，自动缩放器、触发器和队列代理，以及它们是如何协同工作的。笔者希望你感受到这三个组件相互协作的原理。本节笔者将详细介绍自动缩放器，讲解自动缩放器的配置方法。

在讲解配置方法之前，笔者先介绍一些基本理论：具体来说，自动缩放器是一个控制循环和队列的系统。这是两个很大的主题，希望各位控制工程师和队列工程师不要介意笔者这过于简单的描述。

5.5.1 控制回路

控制的一种形式是 PID 控制器。虽然自动缩放器并不是 PID 控制器，但是对于理解自动缩放器来说，PID 控制器是一个不错的框架（推荐两本书，入门的书是菲利普·K·詹纳特写的《计算机系统反馈控制》，进阶的书是佩德罗·阿尔贝托斯和伊文·马雷尔斯合著的《反馈和控制》）。

PID 中的 P 代表"比例"。比例控制意味着控制器的决策和期望与实际之间的差异大小有关。如果差异较大，则控制器会用较大的步伐来纠正它。自动缩放器通过计算其对需求和实际容量之间的差距来决定所需的实例数。从这个层面来说，它是一个比例控制器。

PID 中的 I 代表"积分"。积分控制不是查看当前的瞬时状态，而是取一段时间内的平稳状态。这意味着控制器不太可能瞬时变动。使用积分控制的一种常用方法是对期望值和实际值之间的差异进行加权平均。自动缩放器根据在两个滑动窗口（正常和恐慌）中收集的统计数据来计算所需的实例，这意味着它有类似于积分的平稳作用。

PID 中的 D 代表"差分"。差分控制指根据期望值和实际值之间的差异变化速度来调整其响应。乍一看，有点像比例控制，但事实并非如此。"我走得太快"是比例控制，"我加速太快"是差分控制。自动缩放器不计算变化率，因此它没有差分控制的属性。

5.5.2　队列

本节介绍队列系统。这里的队列指的是队列的理论，而不是类似于RabbitMQ这样的消息队列系统。队列系统有几个不同的术语和变量 [1]，具体如下。

- 到达率——表示需求是如何随着时间的推移而出现的。此处的到达指的是 HTTP 请求。
- 服务器——代表工作的组件。此处指的是你的软件，令人高兴的是，即便在不同的领域，服务器仍表示相同的事物。
- 队列长度——队列中处于待处理状态的 HTTP 请求数量。
- 服务时间——表示服务器处理一次 HTTP 请求所需的时间。服务时间不计入排队时间。对于业务软件来说，这通常是 HTTP 请求到达业务软件和业务软件发出响应之间的时间。
- 服务率——表示每时间单位完成的工作量，是服务时间的倒数。在计算机领域，其通常被称为"吞吐量"。
- 等待时间——表示排队等待被服务器处理所花费的平均时间。
- 停留时间——等待时间和服务时间的总和。又被称为延迟，这取决于如何衡量请求/响应的开始和结束。
- 利用率——表示服务器忙于处理请求的时间比例。
- 并发——队列中等待被处理的 HTTP 请求总数或正在处理的 HTTP 请求总数。

---

[1] 当然，所有这些都有多个术语，因此关于术语来源之间的讨论很难比较。比如，有一堆数学符号，λ、ρ、μ 和 L、W、R、U 之间的比较。

这个主题介绍起来还是很有难度的，它通常被认为是概率数学的一个分支。莫尔·哈科尔-巴尔特的《计算机系统的性能建模与设计：排队论实战》读起来很晦涩，其优势在于它是专门关注计算系统的一本书。

队列理论中最有趣的规则之一是利特尔定律。该定律使用上面的术语，看起来大概如图 5.10 所示（假设到达率小于或等于服务率）。

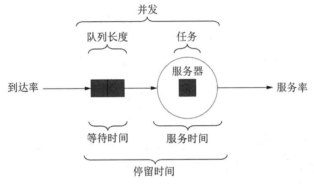

图 5.10　队列理论的指标

"平均值"很重要，因为对于"瞬间"而言，规则可能不正确。但从长远来看，对平均而言，系统可以不考虑"瞬间"。你可能对此并不理解，但实际上很神奇，因为请求到达的时间分布有不同的形式。比如，方波、正弦分布、Beta 分布、泊松分布、逻辑分布、一致分布等。这些分布对于利特尔定律来说都是适合的。

这里的结果要从两方面来考虑。首先，你需要有一个相当有用的工具来检查对系统的理解，可以将其用于对稳态系统的粗略估计，可以使用它来检查你在生产中看到的数字是否是长期累积的，或者是否需要进行更深入的调查。

其次，队列理论中的指标先后顺序可以随意排列。给定任意两个指标的数值，我们都可以计算出第三个指标的数值。这与自动缩放器有关，因为它提供了两种不同的配置方式。一种基于并发请求，另一种基于每秒请求数。第一种配置方式对应于队列理论中的并发和到达率，这两项通过服务时间（反应软件处理单个请求的速度）联系起来。除此之外，从长远来看，这两种情况是等价的。你可以选择一个喜欢的配置方式。因为笔者习惯并发，所以比较关注第一种配置方式。

在队列理论中，服务时间和利用率也有关系。想必你已经知道了，这应该是常识。但对于利用率来说是可以预测的。最简单的情况是，对于一次可以处理一个请求的单个服务器，我们可以得到以下关系：

$$利用率 = \frac{到达率}{服务率}$$

上述推论很明显，实际上，我们还可以得到：

$$停留时间 \propto 服务时间 \times \frac{利用率}{1-利用率}$$

重点是，随着利用率的增加，利用率放缓的趋势是呈指数增长的（见图 5.11）。比如，80%的利用率和 90%的利用率之间的差异不是 10%，更像是两倍。98%的利用率和 99%的利用率之间的差异不是 1%，更像是 50 倍。就像平方根规则一样，这是线性增长导致指数增长的例子（见表 5.1）。

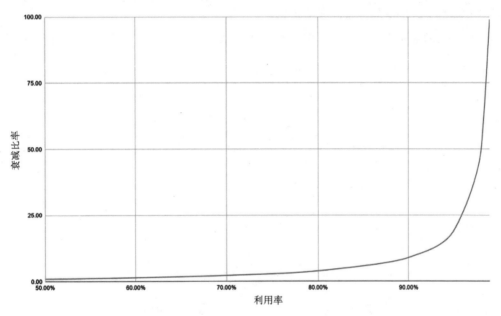

图 5.11　利用率放缓的趋势变得越来越明显

表 5.1　指数增长示例

利用率	衰减比率
70%	2.33 x
80.00%	4x
90.00%	9x
95.00%	19x
98.00%	49x
99.00%	99 x
99.50%	199 x
99.90%	999 x

5.6 扩/缩容算法

本节开始介绍扩/缩容算法,以及自动缩放器算法的工作原理。为了便于理解,接下来本节将使用 4 个流程图来依次介绍。此处解释一下,扩/缩容并不是真正分成了 4 个组件,只是为了便于解释,将其分成了 4 个逻辑单元。

自动缩放器通常按计划周期运行,在两次扩/缩容决定之间等待 2s。等待 2s 主要是为数据积累提供时间。因为数据是在 1s 的"桶"中收集的。注意,并不是所有的扩/缩容都需要等待 2s,触发器的触发就是例外。触发器可以直接向自动缩放器发出信号,触发其立即做出扩/缩容决定,无须等待 2s 的间隔再做扩/缩容决定。

首先,扩/缩容算法会做一些基本的健全工作(见图 5.12)。

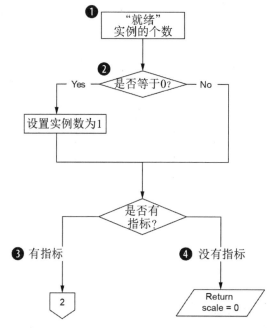

图 5.12   扩/缩容算法的第一部分

①自动缩放器检索"就绪"实例的个数。就绪状态是使用健康检查的就绪探针来定义的(见第 3 章)。

②如果就绪实例的个数为 0,则将直接更改为 1。本书稍后会详细介绍。

③自动缩放器检查是否有其他可用的指标。如果有,则进入下一阶段(见图 5.13)。

④如果没有,则自动缩放器会发出信号表示它无法做出决定(包括将所需的比例设置为 0 的决定)。

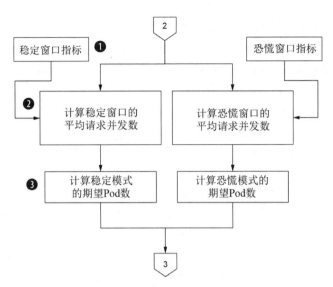

图 5.13 扩/缩容算法的第二部分

为什么将"就绪"实例的数量强制设为 1？答案分为两部分，第一个原因是可以防止尴尬的被零除错误，第二个，也是最重要的原因是这里的 1 代表触发器。

注意，这里的关键是触发器向自动缩放器报告指标，使自动缩放器能够将触发器视为另一个修订版本的实例。当有 0 个实例时，这是有道理的：即使容量不存在（实例为 0），自动缩放器仍然需要有关需求状态的信息，而触发器有该信息。

在图 5.13 中，笔者隐藏了许多细节。图 5.13 中的这些框是对称的（因此，笔者目前只在图表的一侧编号），因为自动缩放器会同时计算稳定模式和恐慌模式下的数据。计算逻辑是相同的，唯一不同的是数据。

①自动缩放器把通过窗口收集的指标作为输入数据。

②自动缩放器计算窗口内并发请求的平均数。

③依据平均并发请求，自动缩放器计算所需的 Pod 数。

此处使用的指标可以通过多种方式获取。当只有几个实例运行时，Knative会从每个实例收集指标。随着实例数的增加，如果依然采集每个实例的数据则会变得非常困难。相反，自动缩放器会从所有实例中取一个子样本进行采样[1]。一方面，这意味着自动缩放器的决定不太准确。

---

1 这种采样在服务网格情况和非网格情况下的工作方式之间存在差异。当没有服务网格时，Knative 能够获取其管理的每个实例的直接 IP 地址。采样就相当简单了。它选择一个随机子集，然后从这些 IP 地址上找到的实例中抓取数据。但是，按照设计，服务网格将自己插入集群中的每个实例之间。这意味着 Knative 在发送抓取请求时无法选择要抓取的实例。相反，Knative 会跟踪哪些实例响应了给定的抓取请求。然后它会不断重试抓取，直到它看到"足够"的独特实例来满足其统计要求。实际结果是在服务网格案例中抓取速度较慢。

另一方面，如果你还记得平方根原则，那么准确度就不那么重要了。

抓取指标的运行周期与决定扩/缩容策略的周期一致，都是 2s 的间隔。因此每分钟收集的数据会按照不同时间放在 60 个不同的桶里，每个桶里包含一个大约的请求平均数，是按照修订版本划分的。

接下来看一下图 5.14，这个图并不是按照上述流程的顺序来的。

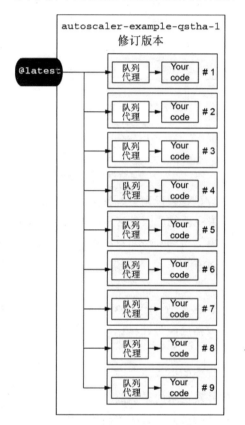

图 5.14　一个修订版本中含有 9 个正在运行的实例

假设当前的修订版本流量很大，有 9 个正在运行的实例，如图 5.14 所示。

流量经过一系列路径，最终到达每个实例的队列代理，但是有多少流量呢，每个流量又都流到哪里了呢？此时，你很容易想到可以根据流到队列代理的请求来计算。但是不同的请求所花费的时间是不同的。而且，由于性能的指数衰减，过载的实例处理速度要比轻载的实例处理速度慢。仅仅计算到达的数量是无法计算出整个修订版本中队列代理中的请求数量的。

取而代之的是，抓取过程直接从队列代理实例中提取当前排队和当前正在处理的请求的计数。如果展示这两个值（排队和处理），则看起来会类似于图 5.15。

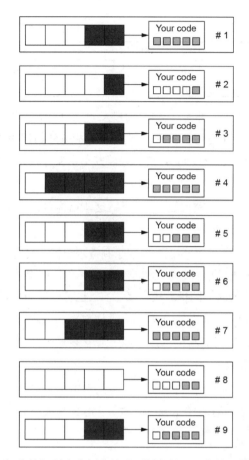

图 5.15 每个修订版本实例中被队列缓存的和正在处理的请求数量

需要注意的是：有些请求在队列代理中，有些请求在你的软件中，但所有请求都计入用于计算平均值的总数中。经过处理后，每个实例大约有 5.67 个并发请求（见表 5.2）。

表 5.2 缓存的和正在处理的请求数量

实例数	队列中	处理中	总数
1	2	5	7
2	1	1	2
3	2	4	6
4	4	5	9
5	2	3	5
6	2	4	6
7	3	5	8
8	0	2	2

实例数	队列中	处理中	总数
9 实例数	18 队列中的请求	33 处理中的请求	51 请求
51 请求数 ÷9 实例数 ≈5.67 个并发请求			

图 5.15 和表 5.2 显示了某个时间点数据的快照，过去 2s 内的请求数被展现为一个瞬时值，大体而言是正确的。这就是真正的控制理论专家，在做积分的同时做微分，这会在更精细的扩/缩容决定上稍有误差。但就目标而言，这种误差并不重要。这些数字就是从自动缩放器的视角看到的样子。

现在已经收集了一个窗口的指标数据，可以对这些指标数据求平均值了。该平均值即为每个时间段每个实例的平均并发请求数。

现在是不是有种考试的感觉？因为偶然发现了利特尔定律。实例上的平均并发请求是到达次数（也就是每个时间单位发出的请求数）和处理时间的函数。如果将到达数加倍，则必须将请求数加倍。我们既可以等待处理时间的指数式衰减，当然也可以增加容量（以便更快地处理完）。

这就引出了下一个知识点：自动缩放器通过尝试保持利用率来计算所需的实例数。假定并发请求的最大级别是 100，所需的利用率是 70%，那么自动缩放器的目标是提供足够的实例，使每个实例的平均并发请求数为 70。

70% 的比例基本上是合理的。你可能想要更高的利用率。尽管看起来很好（资源利用率更高），但是不太建议这么做。当选择 Knative 时，大家的出发点基本上是为了处理可变的需求（请求量），如果目标是接近最优，那么最好希望需求变化不大。当然，需求变化不大只是理想情况。

现在笔者尝试将之前的描述转换成公式。首先，每次收集指标时都会应用一个公式：

$$每个实例的平均并发请求数 = \frac{每个实例的并发请求总数}{实例总数}$$

采样数（Number Sampled）可以是就绪实例数，或就绪实例数的子集，或数字 1。在每个指标数据收集周期中，这些数字都会被存储在 1s 存储桶中。然后，在做出决策时，自动缩放器会对桶中的请求数进行平均：

$$窗口的平均并发请求数 = \frac{每个实例的平均并发请求数之和}{存储桶的个数}$$

此公式适用于稳定窗口（默认为 60s，60 个桶）和紧急窗口（默认为 6s，6 个桶）。接下来，计算并发请求的目标值：

$$每个实例的目标并发请求数 = 最大并发请求数 \times 目标利用率$$

现在可以计算出所需实例的数量了：

$$期望的实例数 = \frac{窗口的平均并发请求数}{每个实例的目标并发请求数}$$

现在，我们尝试处理一些数字。在表 5.2 中，笔者展示了如何在 9 个实例上计算每个样本的平均并发请求数。假设每 2s 执行一次，持续 20s，给出 10 个桶（见表 5.3）。

表 5.3　每个桶中的请求数

存储桶编号#	请求总数/实例	平均请求数/实例
1	51	=5.6
2	53	=5.8
3	40	=4.4
4	47	=5.2
5	49	=5.4
6	55	=6.1
7	56	=6.2
8	61	=6.7
9	59	=6.5
10	58	=6.4
总数	529	=58.3
平均数	=58	=5.83

为了获得窗口内每个实例的平均并发请求数，我们将表 5.3 中的平均数相加，然后除以桶数，得到窗口内每个实例的平均并发请求数：58.7 ÷ 10 = 5.87。现在假设将最大并发请求数设为 10，目标利用率设为 80%，则每个实例的目标并发请求数为 10 ×80% = 8。

现在，我们可以计算出期望的实例数：即记录的数字除以目标数字。就本示例而言，是 58.7 ÷ 8 = 7.35。除非自动缩放器处于恐慌模式，否则它现在就会尝试将实例数量从 9 缩减到 7。

上述就是计算所需实例个数的核心算法。不过，现在还没有结束。因为我们计算了两个值：一个用于稳定模式，另一个用于恐慌模式。

恐慌模式

在处理完图 5.13 中的原始计算后，接下来讨论恐慌模式。恐慌模式一点也不神秘，接下来我们就一点一点揭开它的面纱。为了解释清楚，笔者再介绍一个简单的公式：

$$绝对实例误差＝期望实例数 － 实际实例数$$

这其实是控制理论中的公式，公式的关键在于误差（这就是笔者在这里使用"Error"一词的原因）。它反映了期望值和实际值之间的误差的大小。

注意 此公式并不测量并发请求或利用率。这一项侧重于实例的绝对数量。但这个数字并不总是有意义的。比如，"绝对实例误差为 1"并不能明确区分"期望 2 个，实际 1 个"还是"期望 100 个，实际 99 个"，所以我们需要一个相对误差：

$$相对实例误差 = \frac{绝对实例误差}{实际实例数}$$

在"期望 2 个，实际 1 个"的情况下，相对实例误差为（2－1）÷ 1 = 1.0。这里的 1.0 代表 100%的误差。而在"期望 100 个，实际 99 个"的情况下，（100–1）÷ 99 = 0.01。大约有 1%的误差。看起来误差没有那么严重。

恐慌阈值是相对实例误差变得过高的临界点，它在配置中以百分比表示，默认为 200%或相对实例误差为 2.0。

因为它依赖于一个相对值，所以超出恐慌阈值的可能性会随着实例数量的增加而下降。这大概率正是我们想要的行为：当前有 500 个实例，担心缺少 10 个实例是不必要的。

这意味着不必因恐慌模式而恐慌。当从零个实例或几个实例扩容时，恐慌模式会很常见。这是意料之中的，不必过多关注。事实上，如果计算这些数字，则会发现当从零扩容时，只需要三个请求就可以引起恐慌模式。

超过恐慌阈值是否会使自动缩放器进入恐慌模式呢？接下来看图 5.16。这张图会展示在稳定模式和恐慌模式之间切换的逻辑。进入这个阶段，自动缩放器首先进行两个判断。

第一，目前是稳定模式还是恐慌模式？

第二，是否超过了恐慌阈值？

①自动缩放器首先考虑处于稳定模式但超过恐慌阈值的情况。

②如果处于①所示的情况，则自动缩放器将模式切换为恐慌模式。

③如果自动缩放器已经处于恐慌模式，则它需要决定是否应该停止恐慌。通过查看恐慌持续了多长时间，以及当前是否已经低于恐慌阈值（已经低于阈值超过 1s）来决定。

④如果恐慌模式开始时间并不长，或者当前仍然超过恐慌阈值，则会继续恐慌模式。

⑤如果恐慌窗口已经不存在了，并且没有超过恐慌阈值，那么会结束恐慌模式，自动缩放器会切换回稳定模式。

开启恐慌模式是最简单的场景。复杂的场景是判断是否继续恐慌模式或结束恐慌模式。如果要结束恐慌模式，则自动缩放器需要计算出相对误差低于恐慌阈值，并且恐慌模式已经持续了很长时间。

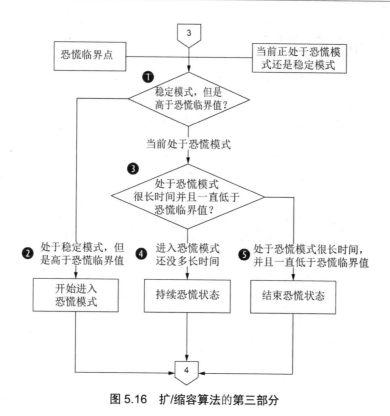

图 5.16　扩/缩容算法的第三部分

注意　恐慌持续时间和稳定窗口的时间一致。默认情况下，是 60s。该时间与恐慌窗口时间不同，恐慌窗口时间默认为 6s。

现在是最后一步，即决定返回什么值（见图 5.17）。这是区别稳定模式和恐慌模式的最关键的地方。

（1）如果当前模式是稳定的，则自动缩放器会返回它已经计算出的稳定模式所需的实例计数。

（2）如果自动缩放器出现恐慌，并且计算出的恐慌模式的期望实例数已增加，则自动缩放器返回该计算值。

（3）如果计算出的 Desired Instance Count 等于或小于当前的实际实例数，则自动缩放器会返回当前的实例数。

换句话说，在稳定模式下，期望的实例数可以随着流量上升或下降。但在恐慌模式下，它只能上升。这和它的名字（恐慌）是很契合的，一个恐慌的自动缩放器倾向于囤积资源，直到它感觉安全。在稳定模式下，自动缩放器会呼吸（实例数上升或下降）；在恐慌模式下，它会屏住呼吸（实例数上升）。

5.7 配置自动扩/缩容

到目前为止，笔者已经在一些基本场景中介绍了自动缩放器的工作方式和内部基本工作原理。前面我们已经分两部分介绍了自动缩放器，但并没有介绍如何配置自动缩放器。本节主要针对如何配置自动扩/缩容来展开描述。扩/缩容算法的第四部分见图 5.17。

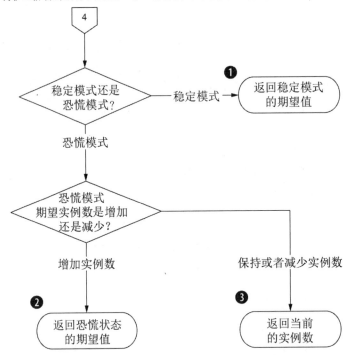

图 5.17　扩/缩容算法的第四部分

接下来要讨论的配置既可以由操作员全局设置，也可以由开发人员在配置或服务中设置。笔者不建议全局设置，因为这会导致 Knative 服务模块系统中的所有内容都受到影响。另外，在大多数情况下，默认值是相当合理的。

换句话说：笔者的目标是让你理解每个配置的含义，而不是鼓励大家进行不必要的修改。解释相关的配置，并不是鼓励对该配置进行修改。

5.7.1 配置是如何设置的

自动缩放器可以通过多种方式设置。其中，一种方法是在 knative-serving 命名空间中创建 Kubernetes ConfigMap 记录，名为 config-autoscaler，如清单 5.1 所示。

清单 5.1　example.yaml 中的配置

```
apiVersion: v1
   kind: ConfigMap
   metadata:
      name: config-autoscaler
      namespace: knative-serving
data:
   enable-scale-to-zero: 'true'
```

清单 5.1 中的 YAML 可以通过 kubectl 来提交，如清单 5.2 所示。

清单 5.2　通过 kubectl 设置 ConfigMap

```
$ kubectl apply -f example.yaml
Warning: kubectl apply should be used on resource created by either
        kubectl create --save-config or kubectl apply
configmap/config-autoscaler configured
```

这里会出现警告，因为实际上 config-autoscaler ConfigMap 已经存在，但里面并没有做任何设置。

设置配置的第二种方法是注解（Annotation）。注解是可以在 Kubernetes 的任何资源上设置的键值对，当然，也可以设置在配置上。顺便说一下，注解是一个混合类型。一方面，它提供了一种为 Kubernetes 注册类型资源添加动态属性的方式。另一方面，它可以通过 kubectl annotate 来创建和更改注解，如清单 5.3 所示。

清单 5.3　通过 kubectl annotate 设置 minScale

```
$ kubectl annotate revisions \
  hello-example-fvpbc-1 \
  autoscaling.knative.dev/minScale=1

revision.serving.knative.dev/hello-example-fvpbc-1 annotated
```

实际上，kubectl 也不是必需的，它可以用 kn 来代替，如清单 5.4 所示。

清单 5.4　通过 kn 设置 minScale

```
$ kn service update \
  hello-example \
```

```
--annotation autoscaling.knative.dev/minScale=1

Updating Service 'hello-example' in namespace 'default':

  4.294s Traffic is not yet migrated to the latest revision.
  4.500s Ingress has not yet been reconciled.
  5.884s Ready to serve.

Service 'hello-example' updated with latest revision 'hello-example-bvxyn-2'
➥ and URL: http://hello-example.default.example.com
```

注意　自动缩放器的注解格式为 autoscaling.knative.dev/<name>，方便起见，笔者将其简写为/<name>。

5.7.2　设置扩/缩容限制

自动缩放器始终是启用的，但系统并不需要总是缩容到零。我们可以通过两种方式禁止缩容到零。

- 第一种是在 ConfigMap 上使用 enable-scale-to-zero。不过这是一个全局的设置，它会禁止所有实例缩容到零。
- 第二种是在服务或修订版本上设置/minScale 注解。在 5.6 节中，笔者通过使用 kubectl 和 kn 在修订版本上设置过该值。

最小和最大扩/缩容选项通常在以下情形中使用：kn 允许在创建或更新服务时使用 --min-scale 和--max-scale 来设置这些选项，如清单 5.5 所示。

清单 5.5　使用 kn 设置扩容限制

```
$ kn service update \
  hello-example \
  --min-scale 1 \
  --max-scale 5

Updating Service 'hello-example' in namespace 'default':

  3.327s Traffic is not yet migrated to the latest revision.
  3.574s Ingress has not yet been reconciled.
```

```
5.046s Ready to serve.
```

```
Service 'hello-example' updated with latest revision 'hello-example-cxsqv-3'
  ➡ and URL: http://hello-example.default.example.com
```

上述操作会创建一个新的修订版本。你可以使用 `kn revison describe` 查看修订版本的扩/缩容限制，如清单 5.6 所示。

清单 5.6 使用 kn revision describe 查看扩/缩容限制

```
$ kn revision describe hello-example-jpgbl-2

Name:          hello-example-jpgbl-2
Namespace:     default
Annotations:   autoscaling.knative.dev/maxScale=5,
            ➡ autoscaling.knative.dev/minScale=1
Age:           23s
Image:         gcr.io/knative-samples/helloworld-go (pinned to 5ea96b)
Env:           TARGET=First
Scale:         1 ... 5
Service:       hello-example

# 省略 Conditions 字段
```

注意 清单 5.6 中的 `Scale: 1 ... 5` 这一行，显示了修订版本包含的扩/缩容范围。你可能还会注意到，注解中也出现了相同的信息。

笔者认为可以这么理解：这些设置实际上是关于经济学而不是工程学的。设置`/minScale`表示可以承受多少延迟，而设置`/maxScale`表示可以承受多少容量。

如果确定不想因为冷启动导致响应变慢，则可以考虑使用`/minScale`，否则不要设置。通常情况下使用`/maxScale`是可取的，即使将该值设置为"不可能"的级别（例如 100、500 或 1000，这些级别看起来不像是能够达到的水平）。

其他设置

"如果是无限缩放呢？"谷歌上有不少技术博客这么介绍过。确实，如果有足够的资金和足够的集群容量，允许扩容到无限级别，那么在流量激增的情况下可以得到很好的服务。

为了引入答案，这里先介绍一下墨菲父子（Murphy & Sons）这个博彩公司，作为臭名昭著的博彩公司，他们张贴在广告版上的标语很吸引人——"一次就能暴富"，墨菲父子的赔率高达 200∶1。但这个概率并不大，如果发生了，人们肯定会知道的。

为了减少赔付金额的额度，有些博彩公司公布的赔率相对较小，如 50∶1。这种情况有利于使用/maxScale，因为它限制了 DDOS 攻击的爆炸半径。

最后，墨菲父子知道这种规律，并为最常见的情况发布了最小的赔率，仅为 3∶1。当被问到为什么赔率这么低时，他们会解释说，虽然赔率低，但中奖时依然能获得巨大的收益，不用担心"是否是斑马群（大的赔率），就算只有一匹马，当它受惊时也能把人踩死"。

在这里，/maxScale 起到了很重要的作用。你可以达到一个极限，但是你不会超过这个极限。这让你有机会至少回滚一两个版本，直到事情解决为止。通过设置上限可以阻止软件、集群，甚至是钱包走向崩溃。

5.7.3　设置扩/缩容比率

无论是扩容还是缩容，集群对自动缩放器需求的响应速度是有限的。在计算所需的实例值时，自动缩放器实际上会修改这些值，以便它们不会超过当前实际实例的比率。

扩容比率其实是由 max-scale-up-rate 控制的，默认为 1000。它允许自动缩放器在每个决策点扩容 1000 倍，不过仅限于当前正在运行的实例。例如，如果有两个实例，此限制允许自动缩放器扩容到 2000。这个限制不会在稳定模式下出现，事实上，在恐慌模式下也很少出现。但是，因为每个扩容的决定都是部分基于乘法的，所以通常在恐慌模式下看，扩容不是连续的。

缩容比率是由 max-scale-down-rate 控制的，默认值为 2。与 max-scale-up-rate 相比，max-scale-down-rate 看起来会比较柔和，从某种意义上说，这是正常的。因为每一步都减半实际上是一个指数函数。在恐慌模式即将结束时，可以看到指数延迟的特征曲线，所需实例首先快速下降，然后逐渐减少。

需要注意的是，在恐慌模式期间，限制最大缩减率是没有意义的，因为此时不会发生缩减。此限制仅在稳定模式下生效。

另一个影响缩减行为的设置是 scale-to-zero-grace-period，默认为 30s（更确切地说，它是一个转换为数字的字符串：30s）。当 Knative 决定缩容到零时，这个宽限期是 Knative 需要等待多久才能将实例从网络流量中摘除的时间，然后 Knative 会要求 Kubernetes "杀掉"该实例。在宽限期过后，Knative 会认为该实例已被"杀死"。如果网关更新速度太慢，以至于流量路由经常出错，则此设置是很有用的。除此之外，请尽量保持默认，不要去改变它。

由于这三个只能在 ConfigMap 上进行设置，因此它们适用于整个系统中的实例。如果系统负载为偶尔的流量；或者是稳定的流量，但是偶尔有爆发流量，则可以设置不同的宽限期。一般来说，如果没有充分的理由，并且你不了解业务流量，则最好使用默认值。

5.7.4　设置目标值

有两个值对自动缩放器有很大的影响：container-concurrency-target-default（默认值为 100，注释为/target）和 container-concurrency-target-percentage（默认值为 70，注释为/targetUtilization- Percentage）。这些值决定了请求与 Autoscaler 尝试维护的实例的比率。基本逻辑是，-default 最终被视为任何一个实例并发请求的最大可能值，而 -percentage 用于计算每个实例并发请求的实际期望值。

实际结果是，自动缩放器的目标是使每个实例有 100×0.7 个并发请求，换句话说，也就是 70 个。此时你可能会疑惑为什么 100 是默认值。它可能看起来是有点偏高的。如果需要对此进行解释的话，则需要回到第 3 章，特别是 3.4.10 节对容器并发的讨论。在 3.4.10 节中，笔者曾一笔带过这个值的默认值为 0，许多值的默认值都为 0。

这就是-target-default 的含义。它可以给服务或配置设置 containerConcurrency，最终显示在修订版中。如果不设置，则 Knative 服务模块会设置某些值作为默认的上限。比如某个包装盒上醒目的标签可能会写着"每个实例无限请求！"，但小字写着"并不适用于所有情况"。100 个并发限制是比较好的，许多系统在实际生产中是达不到的，70%是一个合理的利用率数字，能有效地避免指数放缓。

请注意，这个值不太可能是你想要的。Knative 在并发的上限上是保守的，但在并发的下限上是不保守的。系统需要通过负载测试来得出适合的值（也是一个值得深入研究的领域，具体可以参阅 Raj Jain 的《计算机系统分析艺术》和 Brendan Gregg 的《系统性能：企业和云》）。即使在本地开发系统上执行此操作（负载测试），也可以大概得出所需的并发请求数量级。一旦有了并发请求数，就可以在服务或配置上设置容器并发性，使用--concurrency-target 作为直接目标数字，或使用--concurrency-limit 作为并发目标的上限。

一个特殊情况是将并发设置为 1，这意味着每个请求都由自己的实例来处理。如果软件存在某种线程安全或共享状态问题（无论出于何种原因），这是非常有用的。当然，希望实际中不要出现这种情况。

至于利用率到底应不应该设置，简而言之，不需要。通常来说，默认的设置是非常合理的。如果设置的容器并发性大体上是准确的，那么这时随便设置并发性和利用率则只会徒增烦恼，请你不要这样做。

现在，最后一件事，自动缩放器配置使用每秒请求数（RPS）作为扩/缩容指标（正如笔者之前提到的，根据利特尔定律，效果是类似的）。这可以通过以下两种方式中的任意一种来完成。

首先，如果要全局设置，则可以在 ConfigMap 中配置 requests-per-second-target-default。设置了该值，就默认自动缩放器使用 RPS 作为其缩放指标。这时就不能设置 container-concurrency- target-default 值了，因为这两个值是互斥的。

其次，如果想在特定服务或修订版本上切换到基于 RPS 的扩/缩容，则需要附加两个注释：/metric 和 /target。/metric 注释显式设置扩/缩容指标。可以将其设置为 concurrency，表示根据并发量进行扩/缩容；或设置为 rps，表示根据 RPS 进行扩/缩容。/target 注释会根据设置的 /metric 不同，表示不同的含义。对于 concurrency，/target 表示并发请求数；对于 rps，/target 表示每秒请求数。

这些 /target 值不是 1∶1 的。如果从 concurrency 切换到 rps，则扩/缩容的行为会发生改变。变化有多大呢？我们将利特尔定律转换一下，并发确定时的 RPS 近似为

$$服务率 = \frac{并发}{服务时间}$$

假设请求平均需要 400ms，则对于 70 个请求的默认计算并发目标，将得到 70÷0.4 = 175 RPS。

5.7.5　设置决定周期

自动缩放器会以 2s 的时间间隔获取指标并做出判断。这可以通过在 ConfigMap 中设置 tick-interval 值来实现。如果该值降低，就意味着自动缩放器会做出更频繁、更及时的决策，但代价是更大的抖动和运行开销（CPU 和内存）。间隔增加可以节省资源，但也会使系统响应更加缓慢。

tick-interval 间接影响的是对自动缩放器的积分控制行为。它会产生规律的停顿，让采集到的数据有时间积累成有意义的信号。与之前一样，笔者的建议是除非证明有需求需要更改，否则应保持 tick-interval 为默认值。

5.7.6　设置窗口大小

说到积累数据，所有重要的窗口大小都是可以调整的。首先稳定窗口，默认为 60s。缩短此窗口会使自动缩放器更加紧张；它对需求的随机波动反应更大。延长时间可以使反应更加平稳，但意味着需求的持续增加或减少可能不会很快被注意到。

与 tick-interval 不同（只能全局设置），我们既可以全局设置稳定窗口（在 ConfigMap 上使用 stable-window）也可以在自己的服务或配置上单独设置。只需设置一个 /window 注释即可。这里的格式是 Go 语言对时间单位的简写。例如，60s 和 1m 是相同的，但需要确定时间单位（s=秒、m=分钟等）才能提供有效值。

如果窗口大小对工作负载是有意义的，那么必须使用注解来调整该值。此处的平衡是在抖动和平滑之间的。从表面上看，抖动的自动缩放器似乎没有问题——笔者不希望系统快速反应吗？问题是这些反应是有代价的。这些都给 Kubernetes 集群本身带来了压力。这就是恐慌模式存在的部分原因：它将从零开始扩容的抖动情况，与流量高且实例已经很多的平滑情况区分开来。

恐慌窗口不是直接定义的，而是被定义为稳定窗口的百分比。panic-window-percentage 可以使用全局设置此百分比，或者在服务或配置上使用/panicWindowPercentage 来注解，默认值为 10%。也就是说，默认情况下恐慌窗口的时间为 6 s。

恐慌窗口的百分比要非常慎重地修改。它需要远小于稳定窗口；否则将无法赶上需求的突然变化。它只需很小的百分比。但最终计算出来的时间不能太短，否则会遇到数据不足的问题，无法作为扩/缩容决策的依据。当然，自动缩放器无论如何都会做出决策，但是当时间缩小到 1 s 时，它不像一个合理的控制回路，而更像一个噪声放大器。

如果稳定窗口设置为异常高或异常低的值，那么就需要修改紧急窗口百分比。例如，如果稳定窗口是一个小时，那么可以将恐慌窗口设置为 1%，这样自动缩放器可以在 36s 而不是 6min 内出现恐慌。另一方面，如果将稳定窗口设置为 20s，则需要将恐慌窗口的百分比提高一点，比如提高到 25%，因为 2s（默认情况下）的决策数据将会极不稳定。

5.7.7　设置恐慌阈值

控制恐慌行为的另外一个设置是恐慌阈值。如果想要全局设置，则你可以通过 panic-threshold-percentage 来设置。如果想要针对单个服务或配置来设置，则可以使用/panicThresholdPercentage 注解。

有时候不需要设置恐慌阈值，因为可以通过调整恐慌窗口百分比来调整它。但设置恐慌阈值的优势在于，使用它更容易控制扩展什么和扩展多少。

对于有价值的工作负载，我们可以适当地降低此恐慌阈值，这样即使有多个正在运行的实例也会进入恐慌模式，从而快速扩容。在这种情况下，系统中的实例可能会大量缩容，但这很可能是可以接受的（这种情况建议设置为/minScale）。具有可预测需求且可以等待的其他工作负载，可以将恐慌阈值设置得高一些，以避免经常发生恐慌。

5.7.8　设置目标突发容量

目标突发容量（TBC）子系统主要是关于触发器停留在数据路径中或退出数据路径的比率。这个名字来源于一个想法，即触发器需要了解当前实例能够在"突发"中安全吸收多少容量，以便它可以决定自身是否应该作为缓冲区留在数据路径中。

这可以使用 `target-burst-capacity` 来全局设置，或者使用`/targetBurstCapacity` 在服务或配置上设置。实际的计算过程要复杂得多，但有几个关键值需要注意：

- 0 表示"仅当软件实例缩放到零时才使用触发器"。
- -1 表示"无论规模大小，始终使用活化剂"。
- 其他正值代表"突发容量"的固定目标。

默认值为200。只有触发器计算出有可用的"备用"200 的请求容量，它才会退出数据路径。一般来说，对于较大的实例池更是如此，因此触发器在这方面的工作或多或少符合平方根法则。

这里的权衡是将触发器放置在数据路径中会使请求链路多一跳。有可能是更多的延迟、更多的争用、更多的可变性等。对于性能要求较高的情况，可以考虑是否禁用 TBC 并依赖`/minScale` 和`/targetUtilizationPercentage`。另一方面，如果有突发但是可以等待的工作负载，则将 TBC 设置为更高的值，这样可以为软件提供缓冲区代理，以允许软件的启动。

5.7.9　其他自动缩放器

Knative Pod 自动缩放器不是 Knative 服务模块使用的唯一自动缩放器，它只是默认的自动缩放器。除此之外，还可以使用横向 Pod 自动缩放器（Horizontal Pod Autoscaler，HPA），它是 Kubernetes 项目的一个子项目。HPA 最初是围绕使用 CPU 负载作为其扩展目标而构建的，不过当前支持的特性也变多了。如果你很熟悉 HPA，是可以在 Knative 中继续试用的。

上述自动缩放器是截止到本书出版时可用的缩放器。至于 HPA 的搭档——纵向 Pod 自动缩放器（Vertical Pod Autoscaler，VPA）——当前是不支持的，因为它不符合 Knative 的设计原则。Kubernetes 事件驱动缩放器（Event-Driven Autoscaler，KEDA），其工作原理更加合理，但与 Knative 的集成目前仅处于实验阶段。

5.8　警告

自动缩放器并不神奇。它不是万能的，既不能违背物理定律，又不会使用神秘力量。

它的作用是减少某些风险，以及某种形式的无用功。它可以在一定程度上处理某些不可预测的可变性（但不是无限的）。开发者仍然需要做一些工作来了解软件在不同容量和不同输入下的行为。自动缩放器无法解决数据库并发问题或递归正则表达式爆炸攻击等问题，这些仍然需要人工干预。

但是，有一点可以让自动缩放器做得更好——软件启动更快，也就是更小的镜像和更快的启动进程的组合。如果启动时间从30s 缩短到15s，那么对于突发工作负载来说，这将是非常有用的。

　　请注意，不要过分地通过 Alpine 缩减镜像。笔者特别讨厌在 Alpine 上运行所有进程：它使用了一个奇怪的 libc，没有人及时地修复 CVE，并且一旦镜像被缓存，性能提升（使用 Alpine 构建镜像）的效果可以忽略不计。只需使用 Ubuntu 或 Red Hat/Fedora 即可，并且不要过分关注选择的语言和其他语言之间的区别，除非证明不同软件之间的性能确实有差异。此处说的是相同代价下的高性能，而不是对某个软件优化几十天之后的高性能。

　　最后重申一下：自动缩放器并不神奇。

5.9　总结

- 自动扩/缩容说起来容易，做起来却很难，尤其是从零开始扩容会更加困难。

- 当实例数为零时，流量将由触发器来接管。

- 当流量到达并且实例为零时，激活器会触发自动缩放器，将实例扩容到零以上。流量会被激活器劫持，直到实例已准备就绪。

- 自动缩放器可能会进入"恐慌"模式，该模式下它会积极扩容，但不会缩容。

- 随着实例数的增加，激活器会将自己从数据路径中移除。

- 如果了解控制理论和排队理论，则会更容易理解自动扩/缩容问题和自动缩放器。

- 自动缩放器的处理算法可以大致分为四个阶段：基本指标阶段、计算所需的稳定/恐慌实例的阶段、决定是处于稳定模式还是恐慌模式的阶段，以及选择并返回合适扩容值的阶段。

- 该过程会把所有的请求按照 2s 的粒度划分到不同的桶中，然后基于所有桶中的并发请求的平均值，在稳定窗口（60s）和紧急窗口（6s）上计算平均值。

- 期望实例数是根据每个实例的平均并发请求数与每个实例的目标并发请求数之间的比率计算的。

- 恐慌是由恐慌阈值决定的，该阈值是恐慌期望实例与稳定期望实例的比率。

- 自动缩放器的配置参数可以通过多种方式进行配置。通过 ConfigMap 设置的参数对于安装来说是全局的，不推荐使用。参数还可以通过 Kubernetes 注解的方式添加在的特定服务或配置上。

- 可以使用 Kubernetes 的纵向 POD 缩放器（HPA）作为 Knative Pod 自动扩/缩容（KPA）的替代方案。

- 自动缩放器并不神秘。

第 6 章
事件模块

本章主要内容包括:

- CloudEvents 的本质、目的及详细介绍。

- 通过示例来创建 CloudEvents 和使用触发器。

- 事件模块的主要子模块。

本章是本书非常重要的部分,接下来我们重点介绍这部分内容——事件模块。

从某种意义上说,服务模块非常简单,它只需做一件事。而事件模块则不然,它需要收消息和发消息。在服务模块中,做事的意愿和需要做的事是可以预测先后顺序的。但是在事件模块中,系统可能需要将很久之前收到的消息传递给消费者。消费者既可以监听永远收不到的消息,也可以收到很久以前发出的消息。鞋店销售系统可以发出销售事件,并且这可以发生在销售系统处理消费事件之前。库存系统可以监听从来不会发生的库存缩减警报,等等。

事件模块的基本模型是这样的:系统里随时都在发生各种事件。正在发生的一些事件可以被观察到。其中,一些观察结果是从一个地方传输到另一个地方的。传输的接收者阅读观察结果,并且推断出系统的一些状态,然后可能会采取行动。同样,这些行为可能会导致其他观察结果的出现。

事件模块处于中间位置，它本身不会产生事件，并且它也不会检查所发生的事件，但事件模块确实需要观察并传输这些事件。事件传输的格式是 CloudEvents，事件传输的机制包含管道（Channel）和过滤器、事件代理和触发器、事件源（Source）和接收器（Sink）、顺序事件（Sequence）和并行事件（Parallel）。在接下来的几节中，我们将向你解释这些概念。

6.1 CloudEvents 之路

CloudEvents 是事件领域的标准，所以接下来我们会重点介绍 CloudEvents。

注意 正如在介绍服务模块时所做的那样，本节将从一个虚构的场景开始，展示为什么会用到 CloudEvents，以及怎样使用 CloudEvents。如果你对这些内容不感兴趣，则可以随时跳过。

假设笔者已经为新创业公司 Exampleomatics 筹集了 20 万美元。我们的第一个产品是革命性的，它将重塑整个世界。简而言之，我们开发了一种支持人工智能并且兼容区块链的设备，用于在非无线连接的分布式系统中拦截、观察和控制连接状态——即世界上第一个也是唯一的电子代理（接下来，如果有愤世嫉俗者建议我们重新发明价值 200 美元的"电灯开关"，那么我会立即让公关团队在几秒钟内飞快地删除这类文章）。

Exampleomatics 的电子代理可以处于"开"或"关"的状态。这些信息对于全 VR 家庭管理系统来说是必要的，因此我们需要让电子代理发出事件来描述正在发生的事情。清单 6.1 显示了我们的第一次尝试。

清单 6.1 这很简单

```
case status {
    when status.ON -> http.POST('https://example.com/v1/proxy/on')
    when status.OFF -> http.POST('https://example.com/v1/proxy/off')
}
```

到目前为止，一切都很好。我们必须确保网络永远不会关闭，并且只有一个接收器会收到这些消息。然而，这样会有一些问题。

一方面，我们无法分辨哪个电子代理是开启或关闭的。这个方案只会统计开启和关闭的事件。起初这并不重要，因为我可以使用事件的总数创建一个令人印象深刻的"几乎正确"的文案来说服风险投资人（VC）。这看起来非常美好。

但有一天，笔者接到了一位早期重要客户（风投的女婿）的电话。他从我们的竞争对手 PhriendlyPhactory 公司（简称 Phriendly 公司）那里购买了 PhriendlyPhoton 电流照明（TechCrunch

将其描述为一场全新的革命，历史上首次引入了将电能转化为照明的能力）。当他将电子代理设置为"开启"时，他预计电流将通过代理流向 PhriendlyPhoton，然后电子会转化为光子。但这并没有起作用。他打电话给 Phriendly 公司，但 Phriendly 公司的员工让他打电话给 Exampleomatics。

现在我们需要确定哪个电子代理正在发出开启/关闭事件。一种方法是将这些信息拼接到请求的 URL 中，如清单 6.2 所示。

清单 6.2　这也很简单

```
case status {
    when status.ON ->
        http.POST('https://example.com/v2/proxy/on?id=$id', id)
    when status.OFF ->
        http.POST('https://example.com/v2/proxy/off?id=$id', id)
}
```

这次修改了一下，即在请求中添加了 id（身份）字段，这样笔者就知道是哪个电子代理开启或关闭了。笔者给这位 VC 的女婿打电话（他的名片上写着他是"特别首席分析师，不含组合投资"），并请他尝试重新开启和关闭电子代理。当事实证明电子代理正常工作时，笔者如释重负。现在问题回到 Phriendly 公司那边了。

笔者有如下猜测。Phriendly 公司在他们的设备中也有一个基本事件的遥测系统（他们的设备在商业圈的评比"5 个原因说明 Phriendly 公司正在打破电力市场并且没有什么是一成不变的"中排名第三）。他们的遥测系统显示从未发送 received_electrons 事件，所以要么我们的事件有问题，要么他们的事件有问题。但是我们该怎么说呢？

我们英俊的领导（耶鲁大学管理学院排名第 19）却完全不在乎。"立即修好它"，他说。我们公司的 CTO 小心翼翼地会见了 Phriendly 公司的 CTO。在经过长达 30 分钟的技术讨论后，他们初步达成了一致并且提出了一个计划。我们会将我们的日志和他们的日志放在一起，然后弄清楚究竟发生了什么。

在房间里封闭一天后，结果出来了：是电线。电线有问题。看来是时候培养一些有远见的领导了！笔者从三个项目中拉出 16 个工程师并告诉他们立即修复。其中，15 个工程师和笔者坐在一起开会，而第 16 个工程师则偷偷溜到五金店去买了一些电线和工具。没有人敢问更换灯泡本身需要多少工程师。

几天后，我们公司的 CTO 提出了一个反问：为什么这么难？如果我们将来自电子代理的所有事件和来自 PhriendlyPhotons 的所有事件都发送到同一个地方，我们本可以花费 550 000 美元训练机器学习模型来确定线路的问题。

　　但是有一个问题：在任何情况下，笔者都不会将敏感的、专有的数据发送给 Phriendly 公司！而且，出于商业机密，他们也拒绝向我们发送任何数据。

　　这件事要搁置几天。然后我们的共同客户，曾经两次在秘密社团担任茶话会的主持人（第三候补）——VC 的女婿——詹姆斯·理查德·托马斯三世，在他岳父的办公室打电话给我们。他一直在安装我们两个公司的更多设备，并希望我们能够回答诸如"我应该把我的孩子送到军校去弄乱电灯开关吗？"这样的问题。

　　笔者开始解释"电灯开关"是还原论式的，实际上，我们的电子代理……

　　"我不在乎，"他打断了笔者的话，"做一些你能做的事情。"

　　我们公司的 CTO 和 Phriendly 公司的 CTO 又把他们自己封闭在一个房间里。他们提出了一个激进的想法：为了让客户收集数据，我们可以这样做。事实上，他们可以决定它的去向。我们重新修改代码，并且不久之后，这个问题得到了解决，如清单 6.3 所示。

清单 6.3　可配置能力！

```
baseURL = configuration.baseURL

case status {
    when status.ON -> http.POST('$baseURL/proxy/on?id=$id', id)
    when status.OFF -> http.POST('$baseURL/proxy/off?id=$id', id)
}
```

　　现在我们的用户可以往任何地方发送他们的数据了。我们失去了向客户出售变形的能力、老查克·诺里斯电影、基于用户开/关数据的画像的假牙胶、从麦克风收集的拍手声音（及其他一切），以及一些明智的 TensorFlow。总而言之，无论如何，我们正在远离消费级市场。企业电子管理市场的利润要高得多。

　　这都很好，但很快 JRT 3.0（我们公司的工程师在 Slack 上用这个名字来描述 VC 的女婿，笔者曾被威胁说用这个名字会被解雇）又提出了一个抱怨。我们的数据在不同的终端中采用不同的数据格式。我们使用的是行业标准——XDR，但 Phriendly 公司使用的是 ASN.1 DER 标准。我们将数据发送到/v3/proxy，但他们使用的却是/phriendly/v3。为了使用这些数据，JRT 3.0 的 Excel 高手（助理分析师）团队不得不编写一大堆可怕的 VBA。虽然它很快就被数据科学团队（助理分析师（初级实习生）编写的可怕的 Python 程序所取代，但获取不同端点的数据并且包装带来的开销更令人讨厌。

　　我们公司的 CTO 和 Phriendly 公司的 CTO 再次把他们自己封闭在一个房间里，以某种方式，这也将是最后一次。他们首先定义他们的问题：

- 我们有不同的端点。

- 我们有不同的数据编码格式。

- 我们有不同的元数据。

这意味着，我们需要一些与 HTTP 终端 URI 无关的东西，它可以支持多种编码格式，但具有一致的元数据。

在午休期间，他们发现了 CloudEvents，并决定快速建立一个示例。不久，我们的代码看起来可能有点像清单 6.4 所示的这样。

清单 6.4　JSON, 万能的数据格式

```
eventId = uuid.v4()
time = time.now()                    定义使用中的 CloudEvents
                                     的协议版本。

event = {
    "specversion" : "1.0",           识别发出的时间类型（我们假设使用倒转域名
    "type" : "com.example.proxy.v3", 式的命名空间，就像 Java 一样）。
    "source" : "/proxy/$id",
    "id" : "$eventId",               表明事件来自的地方（我们将电子代理的
唯一 id,                              id 包含在这个字段中）。
或至少在
这类事件    "time" : "$time",         电子代理生成的时间戳。
源中是唯   "datacontenttype" : "application/json",
一的。     "data" : {
                                     表明这是一个 CloudEvent 类型的事件，
        "status": "$status"          并且该事件用来处理单个的、自包含的
    }                    定义使用中的  JSON 类型对象。这意味着，这个事件
}                        CloudEvent 的 中有一个 data 字段包含我们的数据。
                         协议版本。
```

笔者公司的 CTO 坐下来解释代码中这些符号的含义。笔者指出，一切都很好，但数据是如何发送给我们的呢？而且，如果它发送到我们这里，我们应如何将这些数据与 Phriendly 公司创建的 CloudEvents 结合起来呢？CTO 指着白板上一个名为"Knative Eventing"的空白区域说："实际上，我希望你来填写这个"。

6.2　剖析 CloudEvents

虽然笔者喜欢展示自己糟糕的虚构技巧，但是关于 CloudEvents 笔者还是有很多话要说。

首先，我们谈谈分层。在网络中，有一个众所周知的分层模型——OSI 模型（见图 6.1），不同层有自己的解决方案，但这些层在逻辑上是隔离的，并且这种隔离很有用。

如今，路由和负载均衡系统根据在不同层工作进行分类十分常见。在 HTTP 的上下文中（HTTP 是我们在 Knative 领域中做大部分事情的地方），路由器和负载均衡器通常分为两类：4 层（L4）和 7 层（L7）。

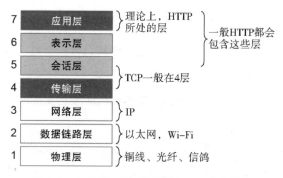

图 6.1　OSI 分层模型图表第 100 次印刷！

4 层是传输层。对我们来说，这里指的就是 TCP（协议）。HTTP（协议）也是基于此 4 层协议构建的。TCP 用于保障传输字节流的连接及字节流顺序。重要的是，TCP 不知道这些字节的具体含义，它的全部工作就是将字节从 A 传输到 B。

7 层是应用层。在这里指的就是HTTP。在HTTP中，系统不再关心字节流，而是对路径、标题、状态码等类似内容更感兴趣[1]。

这种区别很重要，因为系统对被路由的事物的语义理解越深刻，就越可以智能地对其路由。基于 TCP 的负载均衡可以支持诸如"在这两个主机之间平均分配连接"之类的策略。如果一个连接基本上没什么数据，而另一个连接非常繁忙，那么很明显是负载均衡不公平。相比之下，基于 HTTP 的路由器可以强制执行诸如"在这两个主机之间平均分配请求"之类的策略。管理的单元越接近工作的单元，负载均衡的结果就越好。

这导致了一个类比：CloudEvents 为事件系统提供了"第 7 层"，这大致类似于 HTTP 为请求—响应系统提供的内容。它定义了一个基本的数据模型，并将它们映射到特定的格式和特定的协议中。

1　请你注意，这些分类是完全错误的。现在的 HTTP 会将应用层、表示层和会话层的功能合并在一起，所以 HTTP 实际上是包含 7-6-5 层。TCP 中也有一些关于会话的问题，笔者认为这是第 4.5 层。这不是人为故意导致的；互联网协议主要是在与 OSI 架构师工作隔离的情况下发展起来的。OSI 试图将基于数据包和基于连接的网络概念融合在一起。

CloudEvents 包含数据和属性两部分结构。相信你可能已经猜到了数据的结构：即有效载荷装载的部分。现在我们更感兴趣的是属性。这大致类似于 HTTP 的 Header。与 HTTP 的 Header 一样，它的数量可能不受限制，因为任何人都可以添加自己的 Header。但其中只有少数是标准化的，这可以让事件系统的工作更轻松。

6.2.1　必需属性

首先，有四个必需属性。在每个 CloudEvent 上都可以找到它们，并且无一例外。如果缺少这些属性中的任何一个，则其不再是 CloudEvent。

- specversion——表示应该为指定的 CloudEvent 引用 CloudEvents 规范的版本。笔者撰写本节时，只有一个可选项：1.0。

- source——表示事件来自哪里。这里的"哪里"是一个逻辑概念，而不是一个物理概念。例如，你可以提供类似于 abc-123.xht2kld.cdn.example.com 这样的 Source。但大多数情况下，你更希望从机器和网络的实际布局中获得更抽象的东西。将 cdn.example.com 作为事件源更有意义，在必要时可以在数据中加上特定机器的标识。

- type——事件的种类。例如，你可以将 com.example.cdn/flush 作为一种用于缓存服务的 CloudEvent。通常的做法是使用反向域符号来标记特定服务的范围。需要注意的是，反向域符号（com.example）往往与可能出现在源代码中的正常顺序的符号（example.com）不同，尤其是当这些源代码恰好遵循 Kubernetes 的约定时。

- id——表示每个来源都是唯一的。请记住，这里的"来源"是逻辑上的，而不是物理上的。仅仅选择每台机器、每个网络等唯一标识是不够的，我们还需要保证 CloudEvents 下游的可靠性，这是一件非常棘手的事情，但很有必要做。

使用 UUID

使用 UUID 作为 id 字段；特别是"版本 4"的 UUID。UUID 是一种众所周知的格式，用于表达在整个宇宙中始终独一无二的身份。它有多种变体。其中，"版本 4"表示随机生成值的版本。总的来说，你可以使用一个标准库来创建 UUID，然后就有一大堆工具会自然而然地适配这些标准库的创建方式：日志解析器有匹配器、数据库有特定的类型，等等。

它还可以通过简单地移除增序的功能，帮助你不再依赖自增标志符来排序事件。标识符唯一完全适合的角色就是唯一标识一样东西，如果拿它来做其他事情，比如派生或提取任何其他含义，那么都将是软件集成里的坑。我们要对魔法数字和魔法字符串说不。

6.2.2 可选属性

虽然这些字段是强制性的,但 specversion、source、type 和 id 并不是唯一可以找到的字段。除这些字段外,核心标准还有其他可选属性。

- datacontenttype——这是你提供的内容类型、媒体类型、通用互联网邮件扩充类型或其他数据类型,这一字段用于标识数据的格式类型。最简单、最可能的情况是 application/json。事实上,没有设置数据类型(datacontenttype)的 CloudEvent 会被当成 application/json 类型。但理论上,任何有效的媒体类型都可以放在这里;包括数百种注册的类型,以及未充分利用的类型 example/*和*/example。但就目前而言,你一般不太可能看到任何奇怪的类型。

- dataschema——这个字段用于指定 CloudEvent 的数据架构,并且可以被验证。该字段的取值由实现的人决定;我们希望每个人都能接受这种观点:使用 URI 是最好的主意。

  该字段在未来用于基础验证时非常有帮助,因为最终 CloudEvent 可能会被长时间地存储在某个地方,或者大范围地在不同版本的软件之间被传递。在创建 CloudEvent 时,你应该通过该字段给消费者提供可验证的手段。

  在更高的层面上,这个字段可以帮助在 CloudEvent 之上构建标准和 API。例如,如果 Phriendly 公司和 Exampleomatic 公司开发了"通用自动化网络任务组:电气供应商扩展节点"的标准(CANT:EVEN),那么当其中一个引入新的设备类别时,他们可能需要升级标准。他们可能是从数据模式开始的:"https://example.org/cant-even/v1",但是在 Phriendly 公司引入与室内植物通信的新设备系列之后,有必要引入/v2 的数据模式。这样,使用 CANT:EVEN 标准的软件可以知道它是否需要导入包 org.example.greenthumb。

- subject——主题字段指事件所涉及的"事物"。你可能会好奇这与 source 有哪些不同呢?毕竟,我们可以根据自己的喜好来指定 source 的值。

  subject 与 source 的差异(至少是预期的差异)是 subject 可以识别 source 群体中的特定实例或个体。简单来说,source 就像一个编程语言类或接口,但 subject 是唯一的对象。如果一个事件的 source 是 hitgub.example.com,那么它的主题很可能是 /repos/123。

- time——事件发生的时间,由创建 CloudEvent 的软件决定,以 RFC 3339 格式编码。

  这听起来很棒,但请记住:任何组件都无法确保时间戳是否一致。首先,需要处理诸如时钟漂移和错误配置之类的经典问题(1970 年 1 月 1 日被配置了太多次了)。然后,人们会把错误的格式放在这里,或者省略时区,或者处理过程中长时间延迟的问题(这意味着时间戳所暗示的瞬时时间点实际上代表了一个耗时 45 m 的操作)。

除此之外，你可能还会遇到微妙的配置策略差异，如一个数据源可能将 `time` 定义为"生成 Cloud-Event JSON 的时间"。如果 CloudEvent 直接来自原始观察者，那么可能没有问题。

但是 CloudEvents 并不是由原始观察者创建的。大多数情况下，在实际生产环境中，不能直接或者通过改造产生 CloudEvents 的软件有很多。CloudEvent 的设计者的明确标准是，假设大量的 CloudEvents 是由媒介、代理或其他辅助观察者生成的。这意味着"时间"的含义是一个策略问题：它代表的是原始事件的时间戳、第一个观察者看到的时间，还是创建 CloudEvent 的服务计算的时间？

例如，假设笔者构建了一个将日志行转换为 CloudEvents 的系统。它的时间应该是什么？日志行中的时间戳？或者转换发生时的时间戳？CloudEvents 的标准没有强制要求。当你进行时间感知的计算或者时间敏感的计算时，必须检查一下。

6.2.3 扩展属性

到目前为止，本节列出的属性是核心规范的一部分，但是还有各种"扩展文档"可用于次要规范。你可能会在非官方的文档中看到这些标准的混合，因为这些标准处理的是常见但不普遍的问题。

- `dataref`：你想通过 CloudEvent 来发送大量的数据是很常见的。例如，假设你决定将新编译过的二进制文件包装为 CloudEvents，那么你可以尝试将一个大二进制文件作为字段之一压缩到数据中，但这可能会有风险，而且速度可能很慢。也可能是这样的情况，虽然你在发送事件时设置了每个事件的 CloudEvent 属性，但你会出于安全或隐私原因不携带数据。

  `dataref` 允许你将数据字段指向其他位置。例如，你可能会发出一个 NewCustomer 的事件，其中包括个人身份信息（PII）。但你不想意外泄露这些信息，所以没有发送数据部分，而是将个人身份信息推送到受信任的服务中，并将 URL 添加到 dataref 中。

  注意 `data` 和 `dataref` 不是互斥的，你可以同时设置这两个字段。事实上，任何处理 CloudEvent 的消费者都可以将二者进行交换。你可以将 `data` 转换为 `dataref`，或者将 `dataref` 转换为 `data`。如果二者同时存在，则可以选择丢弃一个。

- `traceparent` 和 `tracestate`：分布式链路追踪非常有用、有效，而且有价值，但它需要其他数据字段的参与才能发挥价值。这两个字段根据 W3C 链路上下文标准来携带链路信息。

  本书在第 9 章中详细地讨论了链路追踪，在这里我们可以提前抛出一部分来讨论：你应该在自己的软件中支持链路追踪。"支持"的意思是规模可变。一些库和 SDK 可以透明地注入基本链路数据（"进入的服务 Foo"），你应该尽可能利用这些库和 SDK。某些库要求你手动添加链路数据。如果没有相关的库，则你需要直接添加链路标头。但不管需要做什么，你都应花点时间添加链路数据。你们以后会感谢笔者的（不过，你不需要用笔者的名字给你的孩子命名）。

- partitionkey：在大型系统中，需求的管理通常依赖于某种方式来分配工作负载。例如，source 和 subject 关键字就提供了这样的能力。

  我们可以将所有 source:com.example.ping 的事件发送到一台服务器，同时将所有 source:com.example.bang 的事件发送到另一台服务器。但是，如果实际的问题是北美区域的流量非常大，那么我们应该怎样分配这些流量呢？

  我们可以使用 subject，但是 subject 可能没有包含系统做出明智分流所需的信息。例如，如何分配流量 subject:Lincoln？是关于汽车、人、城镇、公司吗？这就是我们需要使用 partitionkey 的地方。我们可以确定各个州、省和地区的具体数据，并以这种方式分配工作。或者，我们可能会按照时区进行分流。任何对分流有意义的数据都可以放到该字段上。一句话警告：partitionkey 是你在不了解数据的情况下理解数据的方式。抽象地说，我们需要一些均匀分布的数据。但是通常情况下我们感兴趣的数据并不是均匀分布的。你要擅于请教数据科学家，请他们帮忙找到有效的方法来分割数据；这对他们来说几乎没有难度。

- rate：度量系统的一个典型特征是采样能力。换句话说，当有太多数据需要被及时转发时，系统就需要通过随机选择来决定丢弃哪些数据。

  rate 属性是在创建 CloudEvent 时设置的采样率的标志。它表示的是所有观察次数与 CloudEvent 本身数量的比率。换句话说，如果系统进行 10 次观察并发送 1 个 CloudEvent，那么它的比率就是 10。

  如果你的指标系统使用采样来节省流量，那么该字段几乎是必不可少的。了解采样率可以估计给定测量的不确定性。结合测量的总数，系统可以快速地提供"足够好"的近似值。

- sequencetype 和 sequence：有时候，你需要通过一个顺序编号方案来理解事物。这两个字段都可以用来做这件事，但定义有点模糊。

  sequencetype 定义的是整数类型。一旦设置了，就意味着 sequence 应该是一个有符号的 32 位整数，从 1 开始，每个 CloudEvent 的对应值递增 1。

笔者仿佛已经听到你中有一些人很高兴——他们发现了一种逃避作者暴脾气规则的方式，即必须使用 UUID 来标识身份，而不是别的。但这恐怕是一个坏消息：作者不允许我们使用 sequence 来递增 id。实际上，我们必须要抵制这种做法。

6.3 事件格式和协议绑定那些事儿

到目前为止，理论上，在 CloudEvents 规范中没有任何规定要求内容必须为 JSON 对象。规范也没有要求必须通过 HTTP 来传输 CloudEvent。相反，CloudEvent 意味着可以用两种方式映射到类似 JSON + HTTP 的形式：格式和协议。

JSON 是格式映射的一个例子。CloudEvents 标准定义了一个特定的 JSON 格式，你在接下来的章节中将看到很多这类格式。现在也有其他格式映射，例如 Apache Avro，当然，更多类似的格式映射正在出现。

HTTP 是协议映射的一个例子。目前，也有很多这样的定义，比如 Kafka、AMQP、MQTT 和 NATS。所有这些都与消息队列系统、分布式日志系统或你喜欢在图表中使用的内容有关。当然，这些协议之间也存在差异。就 CloudEvents 而言，这些差异无关紧要。重要的是，如果将 Kafka 或 RabbitMQ 作为用于传输事件的基础架构，那么你可以顺利地将 CloudEvents 添加到现有组合中。对于其他系统，比如 NATS 或 MQTT，也是同样的道理。

许多协议都将头部与主体或将元数据与主题数据分离。例如 HTTP。HTTP header 是开放设计的，只有部分是由 IETF 规范预定义的。许多工具都知道如何读取和解释 header，包括未知的 header。你可以想象各种代理和路由器作用于专用的 header。因此，绝大多数 HTTP 库都支持添加和读取 header。

你不必坐等令人震惊的消息：你可以使用 HTTP header 来携带 CloudEvent 属性。这导致在 CloudEvents 协议映射领域里出现了额外的问题：模式。现在有三种模式：结构化内容模式、二进制内容模式和批处理内容模式。

6.3.1 结构化内容模式

在结构化内容模式下，CloudEvent 是完全独立的。你可以将事件映射到选择的一种格式上，并包含其属性。总的来说，清单 6.5 展示了到目前为止笔者一直在介绍的内容。

清单 6.5　JSON 格式：结构化内容模式

```
{
    "specversion" : "1.0",
    "type" : "com.example.type",
    "source" : "/example/source",
    "id" : "82C32673-0C78",
    "time" : "2020-04-10T01:00:05+00:00",
    "datacontenttype" : "application/json",
    "data" : {
        "foo": "and likewise bar"
    }
}
```

因为这是完全固定的，所以你可以将它覆盖在任何旧通信方式上。例如，一般来说，FTP（一个被 HTTP 取代的历史概念）已经被废弃了。但对于地球上大多数大型的金融机构来说，FTP 超越了死亡、时间、空间、意义和存在。可以说结构化内容模式有助于适应现有的传输模式，这些传输模式对是否是 CloudEvents 完全不感兴趣。

6.3.2　二进制内容模式

许多协议在头部和主体之间，在控制通道和数据通道之间有某种隔离。有时，这是一种物理分离（如电话系统），但大多数情况下，你会以某种方式将控制信号和数据多路复用在一起。

HTTP 使用的方法非常简单：对于每个请求或回复，都使标题在正文之前发送，即标题和正文之间有一个空行。header 不限于相关 RFC 指定的那些，它的设计是开放式的，可以扩展。CloudEvent 通过 HTTP 以二进制内容模式被发送到远程服务器，其内容可能类似于清单 6.6。

清单 6.6　JSON 格式：二进制内容模式

```
POST /example/event HTTP/1.1
Host: example.com
Content-Type: application/cloudevents+json
ce-specversion: 1.0
ce-source: /example/source
ce-id: 82C32673-0C78
ce-time: 2020-04-10T01:00:05+00:00
```

```
{
    "foo": "and likewise bar"
}
```

在这种情况下，事件依靠设置 ce-类型的 header 来携带 CloudEvent 属性。以前存在于 data 字段下的内容将被提升为顶级 JSON 对象。

这种模式的优点是可以很容易并且很清晰地组装 CloudEvents。实际上，你可以将任何旧的 JSON 数据放入正文，然后在顶部添加 CloudEvent 属性，而无须修改原始数据（这对签名数据很有用）。这些 HTTP 交换的接收者可以通过读取标头来执行智能的操作，而无须深入研究 CloudEvent 数据本身。理论上，如果他们愿意，他们可以重写这些 header。

但是，你发送的消息会受你与服务器之间的软件的影响。也许代理和防火墙会传输 CloudEvent 消息，并且不修改任何属性。当然，也许它们不会。对于大部分内部系统来说，你发送的消息都有可能被代理和防火墙修改，请你记住这个事情，以备将来在寻找神秘错误时使用。

6.3.3 批处理内容模式

在节约资源方面，批处理是一种古老而优雅的方式。每个 HTTP 请求、Kafka 消息和 MQTT 消息等都有一些固定的开销。批处理将多个逻辑的 CloudEvents 事件以某种协议合并为一次物理交互，你可以在一次批处理中分摊所有 CloudEvents 事件的开销。

笔者总结这种模式主要是为了完整性。如果需要以端到端延迟为代价来提高效率，那么你可以尝试不同的批处理方案，看看有什么帮助。除此之外，笔者希望不要再用它。

6.4 演练

在第 2 章中，本书很快就进入了神圣的"Hello world"时刻。在介绍事件时，我们在进入此时刻前会绕一些远路。首先，我们使用可信赖的伙伴 kn，了解当前集群的状态，如清单 6.7 所示。

清单 6.7　你了解了吗?

```
$ kn trigger list && kn source list && kn broker list
No triggers found.
```

```
No sources found in default namespace.
No brokers found.
```

在底层，这些命令会在 Kubernetes 中搜索触发器、事件源和事件代理的记录。当前，我们还没有做任何事情，所以集群中没有数据。

到目前为止，这还不够启发性。尤其是这些触发器和事件源的创建已经过去了几章。下面让我们重新温习一下：触发器将有关事件过滤器和事件订阅者的信息组合在一起，事件源是对可以创建事件的事物的描述，如图 6.2 所示。

图 6.2　事件源、触发器和订阅者

至少，配置是像上述架构的。实际上，触发器本身没有做任何事情。它们是由代理实际操作的记录，每个代理可能有多个触发器。你不会看到触发器作为独立进程运行，如图 6.3 所示。

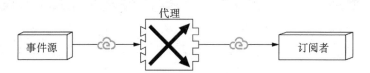

图 6.3　现在加上了代理模块

这里的订阅者是 Knative 事件模块向其发送内容的模块。"Knative 事件模块向其发送内容的模块"是一个定义广泛而差别细微的类型。这里笔者不进行更进一步的讨论。相反，我们只是想以这样的方式进入"Hello world"时刻。

我们将会倒着讨论，先从订阅者开始。这里演示的订阅者是简单的基本的 Web 应用程序，它可以接收 CloudEvents，并可能检查它们。幸运的是，那些乐于助人的开发者已经为我们这样做了。同样幸运的是，kn 可以轻松享受他们的工作。我们首先创建一个代理，然后创建服务 cloudevent-player，如清单 6.8 所示。

清单 6.8　使用 kn 创建代理和服务 cloudevent-player

```
$ kn broker create default
```

```
Broker 'default' successfully created in namespace 'default'.

$ kn service create cloudevents-player \
    —image ruromero/cloudevents-player:latest \
    —env BROKER_URL=http://default

# 省略服务创建过程

Service 'cloudevents-player' created to latest revision
    ⇨ 'cloudevents-player-skqwy-1' is available at URL:
    ⇨ http://cloudevents-player.default.example.com
```

这是一个方便小巧的网络应用程序，我们可以用来发送和接收 CloudEvents。如果打开 URL，你应该会看到一个表单，然后是一些空白区域。我们继续输入一个事件并且发送它，然后讨论屏幕截图。

图 6.4 显示了 CloudEvents 发送器界面，其中有许多有用的功能。

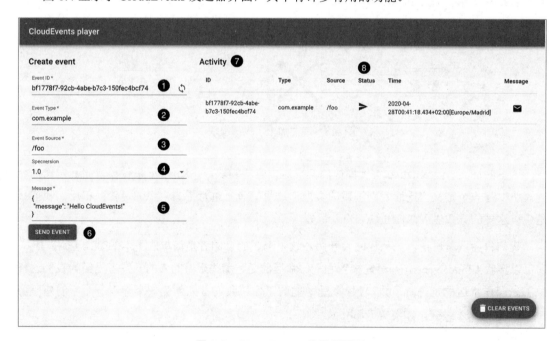

图 6.4　CloudEvents 发送器界面

①这是事件 ID。应用中有一个方便的自动生成器，只需单击循环图标（↻）即可生成 ID。

②这是事件类型。

③这是事件源。

④Specversion 可以更改，但这里不应该更改。当 CloudEvents 是一个不断发展的规范时，支持修改版本是有道理的，但这里我们统一使用 1.0 版本。

⑤这里的消息实际上是消息的数据部分。

⑥单击"发送事件"按钮创建一个事件，该事件将被发送到代理。

⑦记录表显示已发送或接收的事件。

⑧状态栏提示事件是发送还是接收。其中，箭头表示已发送。我们稍后会看到一个信封，表示已收到。

现在的问题是"发送"在这里是否真的有意义。消息会被发送到哪里？目前的答案是无处可去。就像在无人看管的森林中倒下的树一样，它已被整个吞入寂静虚空，再也找不到。

当然，真相也许并非如此。应用程序已将事件发送到代理。具体来说，消息会被发送到服务定义的BROKER_URL上 [1]。

至此，因为我们还没有定义触发器，所以实际操作如清单 6.9 所示。

清单 6.9　使用 kn 创建触发器

```
$ kn trigger create cloudevents-player —sink cloudevents-player
Trigger 'cloudevents-player' successfully created in namespace 'default'.
```

现在请返回 CloudEvents 发送器应用，并尝试发送另一个事件，你会看到事件已经被发送和接收了（见图 6.5）。

一个简单的事实是，我们通过让 CloudEvents 发送器成为事件源和接收器完成了发送和接收任务。图 6.6 显示了在操作界面上创建的 CloudEvent 流回操作界面的基本逻辑。在某种程度上，这表明任何软件进程都可以充当事件源或接收器的角色。在这种情况下，CloudEvents 发送器应用可以同时执行这两项操作。

1　当然，假设服务定义的 BROKER_URL 中有一个是可用的，那么代理连接它们的方式可以有很多种。在接下来的章节中，笔者将介绍不同类型的代理服务及连接到代理服务的方式。

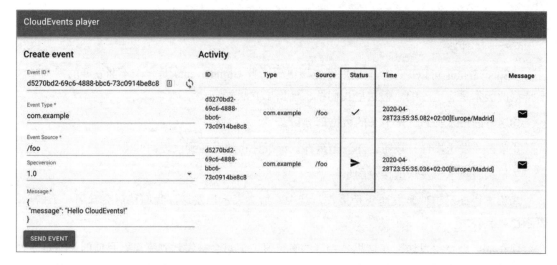

图 6.5　回声（ECHO）！回声（Echo）！回声（echo）！

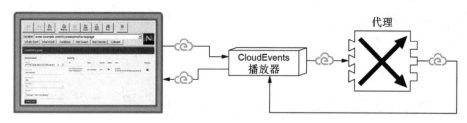

图 6.6　CloudEvents 发送器同时充当事件源和接收器

　　这里的"接收器"和"事件源"的命名法已经在 Knative 之外的许多地方被广泛使用，它的确切起源可能会受到词源学家的质疑。简单地说：事件源是事件的来源；接收器是事件到达的地方。

　　不过，我们没有明确创建事件源。我们只在触发器中定义了一个接收器。这已经暗示了事件模块实际上是多么的灵活，但也暗示了将你顺利引入几乎可以按任何顺序组装的系统中是多么困难。

　　撇开自怜不谈，这里值得我们更仔细地检查细节。与服务和路由类似，kn 提供了用于查看触发器的命令 kn trigger describe，如清单 6.10 所示。

清单 6.10　描述触发器

```
$ kn trigger describe cloudevents-player
Name:         cloudevents-player
Namespace:    default
```

```
Labels:           eventing.knative.dev/broker=default
Annotations:      eventing.knative.dev/creator=jchester@pivotal.io,
                  ➥ eventing.knative.dev/lastModifier ...
Age:              1h
Broker:           default
```

这个触发器是使用 cloudevents-player 作为接收器的，如此完美。

```
Sink:
  Name:           cloudevents-player
  Namespace:      default
  Resource:       Service (serving.knative.dev/v1)
```

很多东西都可以在不知不觉中充当接收器。在这里，我们创建了一个 Knative 服务，然后把它作为接收器。这是不是意味着只有 Knative 服务才能成为接收器呢？当然不是。这就是泛型的神奇之处，更多内容见本章末尾注。

```
Conditions:
  OK TYPE              AGE       REASON
  ++ Ready             1h
  ++ BrokerReady       1h
  ++ DependencyReady   1h
  ++ SubscriberResolved 1h
  ++ SubscriptionReady 1h
```

我们最喜爱的朋友之一：状态（Conditions）。

现在的状态都是 "++"，表明服务均处于良好并且正确的状态。与其他 Knative 状态一样，Ready 这一行是所有其他状态的逻辑和。只要其他状态不正常，Ready 的状态就不会是 "++"。下面我们仔细研究一下其他状态。

- BrokerReady——表示代理已准备好对触发器采取行动。如果此值为 false，则表示代理无法接收、过滤或发送事件。

- DependencyReady——因为在上述例子中为了方便，我们将 CloudEvents 发送器服务定义为事件源和接收器，这其实并没有什么深刻的含义，只是为了告诉你一个独立的事件源（例如 PingSource）是如何工作的。

  一般情况下，这是一个非常容易理解的字段。这个字段让你有机会猜测是不是服务出了问题，比如你自己破坏了服务，或者是某个外部服务破坏了这个服务。如果是这样，那么你就可以找到出现问题的原因并且解决它。如果这个字段是 false，则请你自行灵活处理[1]。

- SubscriptionReady——这就是事件模块中事物命名开始变得不易理解的地方。这里

---

[1] 记住服务可能是错误的，而且，机智的处理和发现事实一样重要。在笔者被咨询期间，我们曾对外部 API 进行 "塑料姐妹花测试"，并且将这个测试作为我们整体测试和监控的一部分。这些测试避免了大量的恐慌，但也创造了大量的戏剧性。

的实际点是 `SubscriptionReady` 是关于接收器是否正常。这个字段不是对触发器的订阅者字段的引用。

- `SubscriberResolved`——我们把这个字段留到最后，因为它很奇怪。`BrokerReady`、`DependencyReady` 和 `SubscriptionReady` 都是关于运行在其他地方服务的状态，这意味着这些字段会不时地发生变化，因为有时候外部问题才是导致中断的根本原因。

  但是 `SubscriberResolved`，即解析订阅者的事物（将接收器变成实际可以到达的真实 URL）是一次性的。这会在你提交触发器后立即发生。事件模块收到接收器后会解析里面到底是什么。接收器可能是你提供的直接硬编码的 URL，也可能是 Knative 服务，当然也可能是许多其他不同的服务，例如 Kubernetes 的部署资源。所有这些在如何获得完全解析的 URL 的方式上都略有不同，但完全解析的 URL 是必须要有的，代理在通过 HTTP 发送 CloudEvents 时需要这个 URL。

  如果这个字段是 OK 的，则我们可以忽略 `SubscriberResolved`。但是如果这个字段是 false，则表示触发器可能被卡住了。你不能通过修改代理、事件源（又名依赖）或接收器（又名订阅者）的方式来直接修复。可以肯定的是，如果这些服务运行不正确，那么请先解决这些问题。但是你仍然需要重新更新触发器才能再次进行 URL 解析。

但是，你看到的这些条件确实超出了"对错"的游戏范畴。这些条件中的每一个都处在"邪恶的"平行宇宙中。

- `BrokerDoesNotExist`：在没有代理时出现。笔者曾不止一次忘记将代理添加到命名空间，并且不止一次忘记检查这种情况。平台运营商可以自动配置代理，但实际上这并不是默认行为。无论如何，如果你看到这个，就意味着需要使用 `kn broker create` 命令来创建触发器。

- `BrokerNotConfigured`、`DependencyNotConfigured` 和 `SubscriberNotConfigured`：它们将在你第一次创建触发器时出现。这代表着控制循环需要时间来处理：在提交记录时，需要时间来协调所需的资源与实际的资源。

  很多时候，这些状态可能一闪而过。但如果这些状态一直存在，那就有问题了。

- `BrokerUnknown`、`DependencyUnknown` 和 `SubscriberUnknown`：它们是条件的小丑卡片。按照惯例，`Unknown` 的字面意思是 Knative 不知道发生了什么。相关条件（例如 `BrokerReady`）不是 true，也不是 false，当然也不在配置中，只是未知。

  从不好的方面来说，如果你看到这个，就表明发生了一些奇怪的事情。从好的方面来说，Knative 至少有办法捕捉一些细节并记录下来。在第 9 章中，我们会看到更多这种情况。

说到出现问题，如果我们删除触发器会出现什么情况？下面我们通过清单 6.11 来寻找答案。

清单 6.11 使用 kn 删除触发器

```
kn trigger delete cloudevents-player
Trigger 'cloudevents-player' deleted in namespace 'default'.
```

到目前为止，清单 6.11 看起来毫无问题。你不会收到任何告警（即事件不会被传送到 `cloudevents-player` 服务的告警）。Knative 也不会维护一个满足此类功能的内部模型。Kubernetes 记录的世界没有外键约束。如果触发器消失了，那么它就消失了。这取决于你是否知道这是不是理想的情况。

你可以证明链接已断开。CloudEvents 发送器应用生成新的事件 ID，并每次都触发"发送事件"按钮。你在状态中看到的只是已发送箭头。事件被发出，但不再被收到。

Going, going, gone

实际的结果是，在大而糟糕的世界中，每个事件都应该是独立的，因为当事件到达时，代理会给事件分配已知的触发器，且一次只处理一个事件。如果一个事件到达且存在匹配的触发器，那么可以高呼顺利！如果没有，那将是无声的恐怖！

请注意，这并不是 Knative 事件模块所独有的。这是一个常见的情况。使用任意类型的静态分析的分布式系统十分少见。以至于笔者想通过挖掘找到一个实际存在的例子，但却事与愿违。

这重要吗？不重要。事实上，这种松散的组合有助于松耦合。你可以随意添加和删除事件模块设置的一部分，这意味着第一天添加的组件可能不需要知道或者关心第二天添加的组件，只要两者都同意使用 CloudEvents 作为通信协议即可。

这重要吗？是的。就通信协议达成一致只是一个开始，你可能还需要考虑模式演变。

但"松散"很重要还有另一个原因。假设我们有一个绰号为"Old Faithful"的事件源。有一天，它沉寂了。沉寂是因为"Old Faithful"不再发送消息了吗？还是网络故障？还是代理"挂"了？还是有人无意中删除了触发器？我们无法区分是网络故障还是其他故障，这是拜占庭将军问题，其中存在许多种类的"大坑"。

实际上，有多种方法可以在较低级别处理这类问题。总的来说，你的基础设施会处理这些问题。但是在更高的层次上，你需要记住"触发器被删除"是导致错误发生的潜在原因。当这些指标出现在报表中时，你很容易注意到指标，但很容易忘记检查是否有这些低级错误。

为了证明以上观点，我们重新创建触发器[1]，如清单 6.12 所示。

1　"重新创建"有点用词不当。虽然触发器的名字相同，但这是一个新的触发记录。

清单 6.12　创建触发器

```
$ kn trigger create cloudevents-player --sink cloudevents-player
Trigger 'cloudevents-player' successfully created in namespace 'default'.
```

当我们返回 `cloudevents-player` 界面并发送一个事件时，可以看到事件既能被发送也能被接收，如图 6.7 所示。

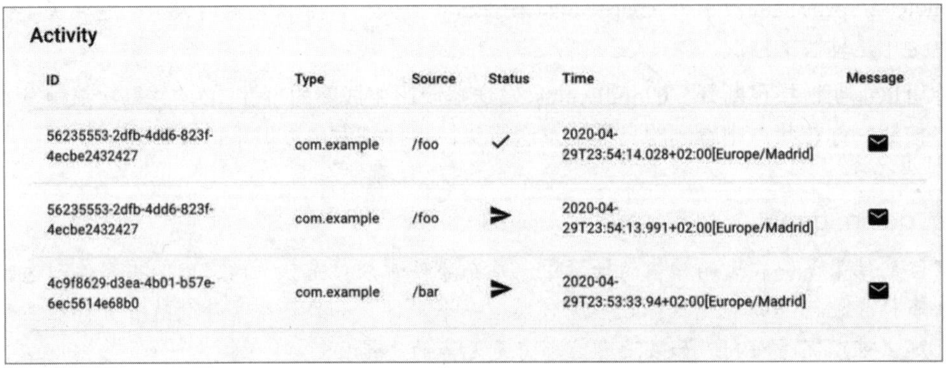

图 6.7　修复触发器之后重新发送一个新的 CloudEvent

我们还可以执行其他类似的操作，例如，删除 CloudEvents 发送应用服务，然后再将这个服务添加回来。删除服务还可以让我们有机会浏览一些变为错误的条件，如清单 6.13 所示。

清单 6.13　袖手旁观

```
$ kn service delete cloudevents-player
Service 'cloudevents-player' successfully deleted in namespace 'default'.

$ kn trigger describe cloudevents-player
Name:          cloudevents-player
Namespace:     default
Labels:        eventing.knative.dev/broker=default
Annotations:   eventing.knative.dev/creator=jchester@pivotal.io,
               ➥ eventing.knative.dev/lastModifier ...

Age:           5m
Broker:        default

Sink:
```

```
Name:          cloudevents-player
Namespace:     default
Resource:      Service (serving.knative.dev/v1)


Conditions:
  OK TYPE                  AGE    REASON
  !! Ready                 2s     Unable to get the Subscriber's URI
  ++ BrokerReady           5m
  ++ DependencyReady       5m
  !! SubscriberResolved    2s     Unable to get the Subscriber's URI
  ++ SubscriptionReady     5m
```

你可以在清单 6.13 中看到 SubscriberResolved 现在为 false（"!!"）。因此，触发器还没有准备好。这是有道理的，在我们的预期内。现在，让我们反向操作，如清单 6.14 所示。

清单 6.14　轻而易举

```
$ kn service create cloudevents-player \
  --image ruromero/cloudevents-player:latest \
  --env BROKER_URL=http://default

# 省略服务创建过程

$ kn trigger describe cloudevents-player
Name:          cloudevents-player
Namespace:     default
Labels:        eventing.knative.dev/broker=default
Annotations:   eventing.knative.dev/creator=jchester@pivotal.io,
                 ⮱ eventing.knative.dev/lastModifier ... 9m
Age:           9m
Broker:        default

Sink:
  Name:          cloudevents-player
  Namespace:     default
  Resource:      Service (serving.knative.dev/v1)


Conditions:
  OK TYPE                  AGE REASON
```

```
++ Ready                3s
++ BrokerReady          9m
++ DependencyReady      9m
++ SubscriberResolved   3m
++ SubscriptionReady    9m
```

好了！一切都恢复了原状。

注意 这里应该再次指明一件事，即这种消息模型架构并没有任何意义上的标准化。如果我们提交了两个具有相同定义的触发器，那么同一个 CloudEvent 的两个相同副本就会被发送。代理不会对这种情况进行去重操作。所以当你看到重复的事件时，可以检查是否存在重复的触发器。

6.5 事件模块的基础架构

在结束本章之前，我们将花费一些时间学习事件模块的基础架构。在第 2 章中，本书展示了服务模块的四类资源：修订版本、配置、路由和服务。在介绍服务模块时（第 2 章），本书基本上是围绕这四类资源展开的，并且顺带介绍了自动扩/缩容。这样介绍可以使笔者的工作轻松很多。

实际上，事件模块有很多类资源，具体来说可以分为四组：消息传递、事件、事件源和流。添加到这些集合中的都是小巧的鸭子类型，你可以将其视为一组出现在不同目录中的共享接口。

6.5.1 消息传递

消息传递是关于原始的传输通道：将 CloudEvents 从一个地方移动到另一个地方。消息传递的主要资源类型是通道（Channel）和订阅（Subscription）。

通道用于描述和配置系统，例如 RabbitMQ、Kafka 等。你提供一个通道资源来告诉 Knative 这些系统的可用性，通道的作者最好能提供额外的工具来实现生成事件模块资源的能力。

为了方便开发，事件模块集成了一个"内存通道"（IMC）的实现。我们之前在演练中使用过，无须任何配置或安装。IMC 也是笔者非常喜欢的，以至于笔者几乎用 IMC 来展示所有内容。

但是你的环境配置可能不同。例如，系统中已经有针对 Kafka、GCP PubSub 和 NATS Streaming 的社区实现方案。笔者相信随着时间的推移，将会出现更多类似的消息系统。笔者在

7.4 节中将讨论一些可用的通道实现。

　　订阅是一件比较烦琐的事情。我们之前看到过一个叫作订阅者的东西。事实证明，这不是同一个概念。在触发器上，名为订阅者的字段不是订阅类型。这就像 Knative 服务将配置和路由集成在一起一样，订阅将通道和订阅者集成在了一个单元中。

　　笔者感觉这些命名很混乱，相信你应该也有此感受。你可以将订阅者视为"可以接收 CloudEvent 的进程或地址"，而将订阅视为"订阅者中的一组通道"。毫无疑问，我们会对这个命名方式再次嗤之以鼻。

6.5.2　事件

　　如果事件模块提供给你的都是一些定义传递消息的基础方法，则会很无聊。这也是为什么本章的例子主要在讲解代理和触发器。这些其实都属于事件模块的子模块，为了简单，笔者将其称为"Eventing"。

　　这里的命名强调了代理和触发器将是开发人员交互和考虑的大部分内容。你讨论的"事件模块，事件"只是一个奖励。

　　潜伏在事件中的第三类资源是事件类型（Event Type）。这些可以用 CloudEvent 的属性来表示——类型、事件源等。大多数情况下，这些是不可见的。

6.5.3　事件源

　　前面笔者曾把事件源描述为事件流出的地方。从某种意义上说，这些属于事件模块的上层资源。但在实践中，还有两种额外情况。

　　第一个是接收器绑定，也是主要的内部类型。它的存在与事件源如何连接到代理、触发器和接收器等其他模块有关。因此，这只会存在于代码中并且依赖事件源。

　　那是什么代码呢？当然是事件源。虽然事件源是一个可以广泛实现的通用接口，但除非你已经有"开箱即用"的具体示例，否则很难用它做任何事情或了解它的原理。Knative Eventing 提供了三个参考源：PingSource、ApiServerSource 和 ContainerSource。

　　PingSource 有一个目标：它会按照你提供的时间表产生 CloudEvents。它曾被称为 CronJobSource，这个名字往往与一般的 Kubernetes 中可用的 CronJob 资源混淆。与 CronJob 不同，PingSource 实际上不运行任何作业，它只产生一个 CloudEvent。Knative Eventing 团队在粗略地翻阅了字典查找命名灵感后，选择了"PingSource"。它是 ping 的一种事件源。

　　ApiServerSource 是一个更复杂的例子。它可以观察原始 Kubernetes 资源所做的变更并将其转换为 CloudEvents。实际上，你已经有审计事件、各种工具或 API 来直接查看 Kubernetes 记录。这里的重点是，`ApiServerSource` 提供的是一个相当完整的示例，并通过示例说明如何将现有的事件类型的系统包装到 CloudEvents 表单中，以便产生更多有趣的价值。

`ContainerSource` 需要着重解释一下。它本质上是一个专门的适配器。你在 `ContainerSource` 中配置 `PodSpec`，作为交换，它会为 Pod 注入一个接收器，并且在该 Pod 中运行的任何程序都可以向该接收器发送消息。换句话说，如果现有系统是运行在原生 Kubernetes 上的，那么通过简单的包装可以让现有系统将事件发送到外部提供的 URL 上。

如果笔者告诉你请学习 Kubernetes，以便更轻松地使用 Knative，你一定会觉得奇怪，因为 Knative 是为了免除学习 Kubernetes 的负担才出现的。但笔者摆脱了这个困境，虽然 ContainerSource 作为实现的参考和现有系统的快速适应很有用，但它永远不应该作为唯一选择或最佳选择。如果你有更具体的事件源，那么直接使用它就好了。

这让笔者想到了另一个点：虽然 Knative 事件模块集成了第三方源，但对于如何使用第三方源并没有限制。这些第三方源可以处于不同的成熟度、活跃度和支持状态。

6.5.4　事件流

事件流是事件模块的锦上添花之作。你可以使用代理和触发器构建任意计算架构图。但这可能会很乏味。更重要的是，这样一个手工组装的架构图仅仅是对计算结构进行编码，但不会了解其真正含义。

事件流有两种类型，即串行和并行，这也让架构变得更加简单，这些名称也是其真正含义。串行提供了将多个通道发送的 CloudEvents 连接成串行流的方法。并行提供了一种封装基本扇出和扇入场景的方法。

6.5.5　鸭子类型

这是奇怪的鸭子类型。笔者几乎要放弃讨论这个问题了，但出于三个原因还是保留了它。首先，Knative 的许多神奇之处都是通过鸭子类型实现的。其次，这个概念正在从 Knative 扩展到其他项目，笔者希望你可以更多地了解 Knative。再次，要归功于它的发明者（Matt Moore 和 Ville Aikas），它是对 Go 类型系统的一次绝妙的破解。它还是值得一点儿钦佩的。

在像 Java 这样的静态类型语言中，变量的类型仅会在创建时设置一次。该变量中的任何内容都必须与初始类型具有相同的类型或子类型。这种标准化类型擅长在编译时检测类型错误。但它同样需要程序员在编译之前就定义好所有的相关类型。

静态，或者说标准化类型并不是语言设计者的唯一选择。在像 Ruby 这样的语言中，语言会保存对象的变量，而对象也有类型，并且这种类型可能时时刻刻都在发生变化，尤其是随着各种边缘语言的蓬勃发展。你可以在 Ruby 中定义类型，这没什么可奇怪的。它有一个关键的 class 关键字，等等。但是直到在调用对象方法之前，你都不知道会发生什么。

这引出了鸭子类型这个术语：如果对象像鸭子一样走路，像鸭子一样嘎嘎叫，那么它就是一只鸭子。对于这种类型的语言来说，这是一项非常有用的功能，同时非常令人痛苦。笔者正是和鸭子类型一起长大的，是的，它们会走路，它们会嘎嘎叫，但它们真正与众不同的特征是它们会在阳台上拉屎。与鸭子一样，Ruby 也是如此：你需要非常谨慎地操作和明确地限制才能避免出现问题。

Go 语言基本上是静态和标准化类型的，但它对标准化类型进行了巧妙的调整。在像 Java 这样的语言中，你可以创建一个命名接口并用具体的类来实现它。在 Go 语言中，你也可以定义一个接口，但没有"实现"的概念。相反，你可以将方法一起组织到结构体中。任何具有与接口相同方法的集合都被视为该类型。

这巧妙地解决了笔者描述的 Java 和 Ruby 类型系统中的大部分问题。与 Java 不同，Go 语言不需要显式地声明接口，因此可以在具体类型之后添加接口。与 Ruby 不同，Go 语言中的标准化类型检查发生在编译时，因此不太可能出现软件运行起来才发现错误的情况。

但是天堂里并非一切都好，因为 Go 语言类型系统会严格区分不同的接口，即需要完全一样的方法和结构体，以及调用方法的数据。此时，代码可以使用接口定义类型，或指定具体的结构体。如果你使用接口定义的变量，那么就可以将任何符合要求的对象放入该变量中。如果你使用特定结构体定义的变量，那么你很可能会永远被它限制，你不能把任何其他类型的值赋值给该变量，即便这个结构体实现了所有该接口的方法。

作者即将出版的书 *Things Jacques Hates About Golang* 中的一段文字如下。

> 有趣的事实：Go 语言标准库是接口类型模块和结构类型模块的不一致组合。意思是，有时你可以用测试的假实现来替换系统调用，有时却不能。
>
> 语言学家有时会争论语言是否会限制我们对外部现实的领悟和理解。这是一场旷日持久的争论，可以在《斯托纳哲学百科全书》的"萨皮尔–沃尔夫假设"下找到。笔者终于能够一劳永逸地解决这场辩论了：这是错误的。笔者只会说英语，在彻底搜查整个语言后，已经无法找到任何词汇来完全涵盖笔者对这个设计决定的厌恶。

当我们可以随时构建接口类型变量时，为什么仍有人选择创建结构体类型的变量呢？如果笔者撇开对其他程序员的仇恨不谈，则会出现一种情况：子类型主要扩展或更改的是数据模型，而不是方法。

当然，你可以将结构体嵌入其他结构体中，但是随后你又会被结构体类型困住，希望你可以战胜所有的"黑暗势力"。

Knative 的鸭子类型概念解决了这个问题，它让你能够拥有接口类型变量和数据子类型。实际的结果是，Knative 可以定义像 `Addressable` 这样的类型，它们都有像结构体这样有保证的数据字段和像接口这样有保证的方法。实际上，这是通过一个小技巧来实现的，该技巧涉及静态变量的类型转换，因此，如果你不遵守规定的鸭子类型，那么编译器就会出错。

例如，假设笔者正在制作一个 Icecream 界面，笔者可以在其中提供一份口味列表及所需的量。在清单 6.15 中，笔者展示了序列化为 YAML 的代码。

清单 6.15　冰淇淋

```
icecream:
- flavor: vanilla
  scoops: 1
```

到目前为止一切顺利，但假设笔者现在又开发了一种被称为圣代冰淇淋（Sundae）的新类型，其中包括冰淇淋（Icecream），但又和冰淇淋不一样。鸭子类型允许笔者将冰淇淋类型干净地嵌入圣代冰淇淋类型中。在序列化后，结构看起来如清单 6.16 所示。

清单 6.16　圣代冰淇淋

```
sundae:
  sprinkles: oreos
  topping: chocolate
  icecream:
  - flavor: vanilla
    scoops: 2
```

重点是，笔者可以编写只实现冰淇淋的软件，但它也可以处理圣代冰淇淋，无须担心兼容性问题。

一些关于鸭子类型的有用文档值得一读。笔者推荐 Matt 和 Ville（Knative 的主要开发人员）就该主题进行的 KubeCon 演讲。

6.6 总结

- CloudEvents 是事件的标准规范。事件可以通过多种协议以多种格式表示。

- CloudEvents 既有属性，又有数据。

- 有一些属性是必需的，例如，`specversion`、`source`、`type` 和 `id`。

- CloudEvents 还有可选属性和扩展属性。

- CloudEvents 发送器是开发 Knative 事件模块时有用的调试和开发工具。

- 你可以使用 `kn` 来列出、描述、创建并更新事件源和触发器。

- 触发器的状态可以显示代理、订阅者及事件源是否活跃和健康。

- 事件模块包含四组主要组件：消息、事件、事件源和流。

- Knative 事件模块的大部分能力都归功于 Knative 实现的鸭子类型功能。

第 7 章
事件源和接收器

本章主要内容包括：

- 事件源，CloudEvents 产生和发送的地方。
- 接收器，事件源中的关键字段。
- 如何创建、更新和检查事件源。
- 接收器绑定是什么，它是如何工作的。
- 内置事件源及第三方事件源。

事件源和接收器是 Knative 事件模块中最常用的基本概念。首先快速回顾一下：事件源描述了一个可以发出 CloudEvents 的事件，以及应该把这些事件发送到的地方。事件源描述的是 CloudEvents 如何在 Knative 事件模块中互相传送事件的规范方式。幸运的是，这些内容不是很复杂，所以本章相对简短一些。

7.1 事件源

本节笔者将简要介绍事件源的整体结构，然后再选一个示例看看它是如何工作的。需要注意的是，虽然笔者将事件源和接收器放在同一个概念层面，但在 Knative 结构中，事件源是顶级概念，接收器是事件源的一个组成部分。

7.1.1　解析事件源

事件源的组成如图 7.1 所示。图 7.1 将事件源分为两部分，实际上只有一个被标记为"Source"（这可能让人有点困惑）。该部分包含 Sink 和 CloudEvent-Overrides。下面的"???"部分非常关键，本节会重点介绍。首先来看，图 7.1 中的鸭子是什么呢？

图 7.1 中的鸭子是 Knative 鸭子类型的小图标。笔者的目的是在视觉上将 Source 框解释为鸭子类型，具体来说，是一个事件源。在 Knative 中，任何具有这两个字段的 Kubernetes 资源都可以被 Knative 视为事件源。接下来用一个具体的例子来详细说明，PingSource 的生命周期如图 7.2 所示。

图 7.1　事件源的组成

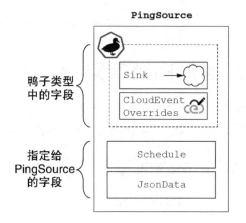

图 7.2　PingSource 的生命周期

笔者的观点是，因为 PingSource 包含 Sink 和 CloudEventOverrides 两个字段，所以它是一个 Source。这两个字段由 Knative 事件模块本身所使用。附加的 Schedule 和 JsonData 字段是 PingSource 独有的。

换句话说，就 Knative 而言，任何具有这两个字段的内容都是事件源。ContainerSource 有这些字段，所以它是一个事件源。ApiServerSource 有这些字段，所以它也是一个事件源（见图 7.3）。

这种所属关系不是通过某种类继承机制实现的，而是完全基于记录中的字段。也就是说，扩展事件模块会很方便，我们无须修改事件模块代码库，甚至不需要拉取任何事件模块代码作为依赖项。

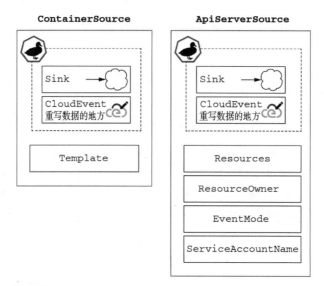

图 7.3 其他内置事件源

7.1.2 使用 kn 处理事件源

解析完事件源之后，接下来是使用事件源（毕竟事件源是用来使用的，而不是用来解析的）。kn 又可以派上用场了。首先说明一下，笔者并没有对默认安装的 Source 进行更改，见清单 7.1。

清单 7.1 使用 kn 列出 source

```
$ kn source list-types
TYPE                NAME                                        DESCRIPTION
ApiServerSource     apiserversources.sources.knative.dev
                    ➥ Watch and send Kubernetes API events to a sink
ContainerSource     containersources.sources.knative.dev
                    ➥ Generate events by Container image and send to a sink
PingSource          pingsources.sources.knative.dev
                    ➥ Send periodically ping events to a sink
SinkBinding         sinkbindings.sources.knative.dev
                    ➥ Binding for connecting a PodSpecable to a sink
```

你可以看到这里有三个事件源：ApiServerSource、ContainerSource 和 PingSource。它们分别代表 Kubernetes API 事件的来源、Kubernetes Pod 中软件的适配器，以及定期发送

CloudEvents 的事件源。对于另一种事件源类型——SinkBinding，我们稍后会介绍。

你可能发现了，list-types 是一个奇怪的子命令名称。笔者的第一直觉是，list 更有意义。但 list-types 是一个别名吗？

清单 7.2　kn source list 是怎么做的

```
$ kn source list
No sources found in default namespace.
```

清单 7.2 表明笔者的分析是不正确的。实际上，kn source list 用于显示已创建和提交的 Source 记录，而 kn source list-types 用于显示已安装的 Source 定义。通过和编程语言概念做类比，我们可以说 list 展示的是对象，list-types 展示的是类。

为了使用 ApiServerSource 和 PingSource，kn 提供了一些方便的子命令。笔者将使用第 6 章安装的 CloudEvents 发送器来展示 ping。清单 7.3 中的 describe 子命令遵循了你应该熟悉的约定。

清单 7.3　创建并展示 ping player 示例

```
$ kn source ping create ping-player
    ⇒ --sink http://cloudevents-player.default.example.com
Ping source 'ping-player' created in namespace 'default'.

$ kn source list
NAME        TYPE       RESOURCE                           SINK       READY
ping-player PingSource pingsources.sources.knative.dev
                ⇒ http://cloudevents-player.default.example.com  True


$ kn source ping describe ping-player
Name:          ping-player
Namespace:     default
Annotations:   sources.knative.dev/creator=jchester@example.com,
                ⇒ sources.knative.dev/lastModifier=j ...
Age:           2s
Schedule:      * * * * *  ◁
```

生成 CloudEvents 的周期。这里使用非常受欢迎的 Cron 表达式。Cron 表达式与大型机时代的作业控制语言相比，在使用上更加便捷。规则 * * * * * 表示每分钟触发一次。

```
Data:  ◁
                        Data 是实际发送给接收器的 JSON 数据。本
                        节接下来会具体介绍。
Sink:
  URI: http://cloudevents-player.default.example.com  ◁

                                                            这就是发送数据目
Conditions:                        ◁                        的地 PingSource 的
  OK TYPE                AGE REASON    这里总是会显          HTTP(S) URI。
                                       示一些状态。
  ++ Ready               2s
  ++ Deployed            2s
  ++ SinkProvided        2s
  ++ ValidSchedule       2s
  ++ ResourcesCorrect    2s
```

打开 CloudEvents 发送器，可以看到已经有 `ping` 事件了，如图 7.4 所示。

图 7.4　CloudEvents 每分钟产生一次

笔者在此重申一下，每个 CloudEvent 都必须具有唯一的 ID（在本例中为 UUID）、类型和来源。在 `PingSource` 中用反向域表示事件源的类型，用路径表示事件源的名称。

Source 字段中的 `/api/v1` 前缀是 Kubernetes 机制的另一个亮点。`namespaces/default` 告诉你应该在哪个命名空间中查找实际的 `PingSource` 记录。而 `pingsources/ping-player` 则表示事件源的类型与名称。

顺便说一句：这些是习惯用法，并不是标准，也不是要求。开发者不要依赖用.或/来了解事件类型和事件源的内部结构。过度的依赖会带来很多困惑。

CloudEvents 收到了，但是 CloudEvents 带来了哪些信息呢？到现在为止我们还没有看到任何有用的信息。单击消息图标（✉），查看 CloudEvents 带来了哪些有用的信息（见图 7.5）。

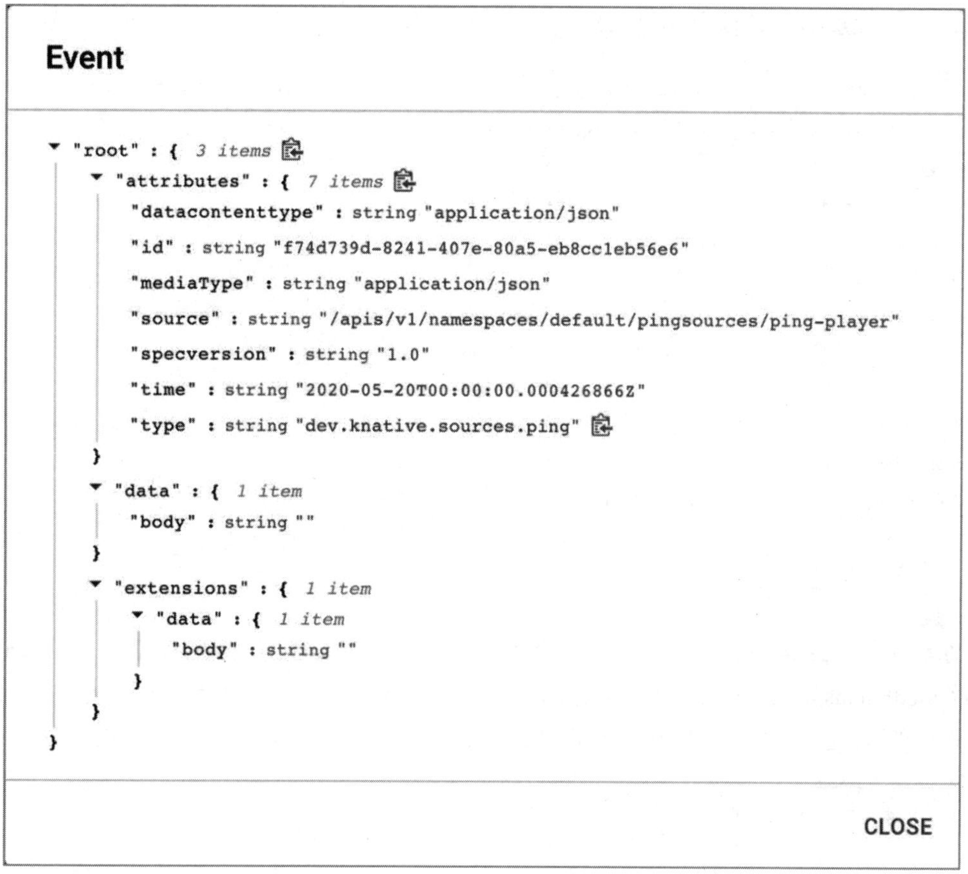

```
Event

▼ "root" : { 3 items 📋
  ▼ "attributes" : { 7 items 📋
      "datacontenttype" : string "application/json"
      "id" : string "f74d739d-8241-407e-80a5-eb8cc1eb56e6"
      "mediaType" : string "application/json"
      "source" : string "/apis/v1/namespaces/default/pingsources/ping-player"
      "specversion" : string "1.0"
      "time" : string "2020-05-20T00:00:00.000426866Z"
      "type" : string "dev.knative.sources.ping" 📋
  }
  ▼ "data" : { 1 item
      "body" : string ""
  }
  ▼ "extensions" : { 1 item
    ▼ "data" : { 1 item
        "body" : string ""
    }
  }
}

                                                              CLOSE
```

图 7.5　查看一个 CloudEvent 的详情

这里的 `root` 不是 CloudEvents 的一部分：它是 CloudEvents 发送器呈现 CloudEvent JSON 对象的方式。然而，属性（attributes）和数据（data）绝对是 CloudEvent 的一部分，数据内容类型（datacontenttype）、id、来源（source）、规范版本（specversion）、时间（time）和类型（type）的属性字段也是如此。

数据部分值得重点讨论。但是 `data` 的存在并不是使它成为符合 CloudEvent 的必要条件。无论如何，`PingSource` 都包括数据部分，尽管里面是空的。对于这种表示方式和"未定义（undefined）"孰好孰坏，笔者不做评价。这里实际上可以归结为所选的编程语言和使用库展示 JSON 类型数据时的习惯用法。

在介绍扩展（extensions）部分之前，笔者将向 ping 事件源中添加一些数据，并使用 `kn` 验证是否生效，如清单 7.4 所示。

清单 7.4　添加数据并使用 kn 验证

```
$ kn source ping update ping-player --data '{"foo":"and likewise bar"}'
Ping source 'ping-player' updated in namespace 'default'.

$ kn source ping describe ping-player
Name:          ping-player
Namespace:     default
Annotations:   sources.knative.dev/creator=jchester@example.com,
               ↪ sources.knative.dev/lastModifier=j ...


Age:           2h
Schedule:      * * * * *
Data:          {"foo":"and likewise bar"}

# 省略 Sink 和 Conditions 字段
```

你从 kn source ping describe（清单 7.4）和图 7.6 中可以看到，笔者的 PingSource 在其 CloudEvents 的 data 对象中包含{"foo": "and likewise bar"}。它并不是放在名为 data.body 的字段中的，而是 data 的直接子对象。图 7.5 中的 data.body 只是 PingSource 的占位符而已。

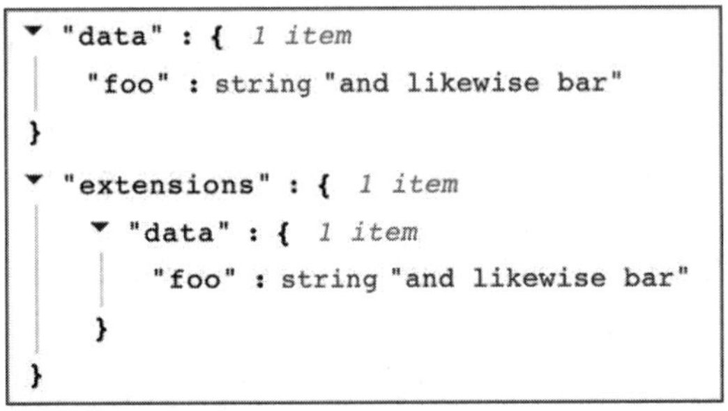

```
▼ "data" : {  1 item
  │ "foo" : string "and likewise bar"
}
▼ "extensions" : {  1 item
  │ ▼ "data" : {  1 item
  │ │ "foo" : string "and likewise bar"
  │ }
}
```

图 7.6　CloudEvents 中的形式

extensions 部分是 CloudEventOverrides 的序列化名称,是任意事件源中都有的一部分。它的字面意思其实就是它的作用。如果开发者设置了 override,则触发器会将覆盖的值看作实际值。

这对于在上下文（context）中添加变量是最有用的（例如，在追踪框架中）。图 7.6 演示了什么都不做的效果。但是如果 extensions.data.foo 实际上没有配置,或者是配置为别的值,那么触发器会认为该字段的值为覆盖后的值。

实际上，笔者建议不要使用 extensions。extensions 是以前为了提高方案设计灵活性而增加的产物，它已经在很大程度上被鸭子类型所取代，此后，笔者将不打算再使用它。

7.2　接收器

到目前为止，在本书的示例中，笔者一直将接收器定位为 URI。事实证明，这只是表达"将我的 CloudEvents 发送到这里"的一种方式。另一种方式是使用"Ref"，它表示对另一个 Kubernetes 资源的引用，以清单 7.5 为例。

```
$ kn source ping update ping-player --sink ksvc:cloudevents-player
Ping source 'ping-player' updated in namespace 'default'.

$ kn source ping describe ping-player
Name:          ping-player
Namespace:     default
Annotations:   sources.knative.dev/creator=jchester@example.com,
            ➥ sources.knative.dev/lastModifier=j ...
Age:           1d
Schedule:      * * * * *
Data:          {"foo":"and likewise bar"}
Sink:
    Name:        cloudevents-player
    Namespace:   default
    Resource:    Service (serving.knative.dev/v1)

# 省略 Conditions 字段
```

将清单 7.5 中的内容与清单 7.3 中的内容进行对比，就会发现 Sink 部分的内容发生了变化。之前是 URI，现在是 Name、Namespace 和 Resource。

你在使用 kn 时，如果不指定参数--sink-ref 或-ref，则表示使用的是 Ref 而不是 URI。也就是说，你可以用传入内容的语法来表达自己的意图。如果参数以 http://或 https://开头，则表示需要一个 URI。相反，如果参数以 ksvc:开头，则表示需要一个 Ref。

从 kn describe 命令展示的结果来看，kn 已经明白笔者指定接收器为 Knative 服务，因为

笔者指定的是 `ksvc:cloudevents-player`。当然，也可以使用 `service: cloudevents-player` 来更明确地指定。无论选择哪种方式，只需记住 Knative 服务与 Kubernetes 服务不同。

URI 和 Ref 哪种表示方式更好呢？URI 更简单，而且允许指定 Knative 集群之外的服务端点（endpoints）。不过笔者还是推荐使用 Ref。URI 只是一个地址，地址的另一端是一个黑匣子（是否可以正常工作是未知的）。而 Ref 是指 Knative 服务的 Knative 结构体。Knative 知道如何解析其中的内容。

这在出现问题时是非常有用的。接下来我们通过示例来展示一些异常情况，见清单 7.6。

清单 7.6　删除 service

```
$ kn service delete cloudevents-player
Service 'cloudevents-player' successfully deleted in namespace 'default'.

$ kn source ping describe ping-player

# 省略部分内容，直达 Conditions 字段

Conditions:
  OK TYPE                 AGE REASON
  !! Ready                5s NotFound       ◁── 就绪（Ready）状态是其他状态的顶层汇总。
  ++ Deployed             1d
  !! SinkProvided         5s NotFound       ◁── Sink Provided 的状态是"!!"（非 OK 的状态），"NotFound"展示了非 OK 的具体原因。
  ++ ValidSchedule        1d
  ++ ResourcesCorrect     1d
```

清单 7.6 会显示此信息，是因为 Knative 事件模块可以查看指定的 Ref 是否确实存在，这些是 URI 做不到的。你可以将 Ref 看作电话号码而不是地址。如果笔者想拜访某人，则可以选择直接去他家，然后希望他正好在家（URI）；或者笔者在出发之前提前打电话（Ref）。在可能的情况下，Ref 可以为使用者提供更好的服务。

7.3　SinkBinding 和 ContainerSource

介绍 `PingSource` 有助于理解 Sources 的基础知识，除此之外，`PingSourc` 没有其他可以讨论的地方。`ApiServerSource` 做得更多，但你可能还记得笔者曾说过本书并不想成为一本过多介绍 Kubernetes 的书。

现在是时候介绍SinkBinding了，其实它是一种适配器，任何在Kubernetes中运行的东西都可以使用它[1]。当然，还要介绍一下ContainerSource，它有点像SinkBinding的一个特例。

基本问题是这样的：其他软件已经存在了，而且不知道 Knative 事件模块的存在，而且这些软件没有提供合适的使用事件源的方法。实际上，大多数情况下，事件都发生在中间服务上，并且以 HTTP 的形式存在。但是事件模块仍然需要一些配置来实现这种连接。事件模块不仅仅是提供 HTTP 端点的自动发现或自动配置。

SinkBinding 提供了一个非专业的方法来配置事件模块，使它可以与现有系统交互。它包含两部分内容，一个是接收器，另一个是对象（Subject，不同于消息队列的 subject）。对于接收器，我们已经相当熟悉了：它可以是一个 URI 或一个对 Knative 服务的引用（Ref），甚至可以是一个普通的 Kubernetes 记录，例如一个 Pod 或部署（Deployment）。对象是使用命名空间、名称等字段对 Kubernetes 记录的引用，例如，Knative 服务、Pod 或部署。

注意　接收器和对象是不同的类型。特别是，接收器可以指向由 URI 或 Ref 标识的单个记录。一个对象只能通过引用来识别，理论上可以引用任意数量的匹配记录。现在，虽然使用 SinkBinding 可以发出扇出事件（将消息发送给多个接收者），但笔者建议不要使用 SinkBinding 来执行扇出。事件代理是完成此类工作的更好的选择，而并行事件 更是明确为支持扇出而设计的。

设置一个对象和设置接收器究竟有什么不同呢？虽然 Knative 事件模块无法读取你的代码并对其进行任何其他操作，但是它能为你的代码提供必要的信息使其做正确的事情（发送事件到某地）。当开发者使用 SinkBinding 时，一旦将某些内容指定为对象，Knative 事件模块就会将 K_SINK 变量注入软件的容器环境中。K_SINK 变量设置的是对象要发送事件目的地的 URI。通过 K_SINK 变量，事件模块使黑匣子内的软件（Subject 中的软件）能够利用 Sink 将事件直接发送出去。

例如，你有一个目录的微服务，通常会将目录的更新发布到购物车微服务上。如果想让 Knative服务模块接管这个交互，则第一步是将对象设置为现有的购物车微服务[2]。购物车微服务会将目录更新发送到K_SINK中的地址。接下来可以将K_SINK更改为任何有意义的地方，例如事件代理。

请注意，SinkBinding 并不是所有事件源的最佳解决方案。如果找不到其他内置的事件源来满足需求，则它可以用来提供一些帮助。供应商 API 和事件系统之间需要建立网关。供应商

1　其他类似的可以被切割的事物：SinkBinding 是一把瑞士军刀；一个逃离 Knative 的出口；一个围绕 Knative 开发外围组件的机会；从 Knative 事件模块到 Kubernetes 的管道胶带（不是鸭子类型）。

2　此处原文有误，Subject 设置的是 k8s 的资源，而不是 URL。——译者注

并没有提供相关的解决方案，如果想要集成，则你需要自行适配 SinkBinding。

当然，如果供应商提供的事件源能够满足你的需求，那么直接用就好了。首先，让其他人来维护软件通常会更好。其次，因为 SinkBindings 有点像字符串。十几个 SinkBinding 可能是十几个不同的东西。如果不手动检查，你不会知道都绑定了些什么。但是当我看到 PingSource 和 ApiServer-Source 等事件源时，能很明确地知道它们的作用是什么。

ContainerSource 与 SinkBinding 十分相似，但从技术上讲，ContainerSource 是一种不同的东西。顾名思义，ContainerSource 仅限于处理一种东西：容器。更准确地说，它就是为给定的 Pod 设置容器的。

虽然 ContainerSource 很容易上手，但是如果你需要对现有软件进行快速适配而不需要编写完整的事件源，那么你可能会更喜欢 SinkBinding。因为 SinkBinding 更通用。即便 ContainerSource 废弃了，SinkBinding 也可以继续存在。

提供服务和绑定不一样

下面介绍事件源中一些容易混淆的事情。当开发者创建一个事件源时，实际上是在创建一个 Kubernetes 系统中的记录，而不是额外创建任何其他东西。实际上，如何生成事件源对应的 Kubernetes 记录取决于事件源的实现。这就像是我只带着一张纸出现在房子里说这座房子属于我。至于里面的人是否会相信，则完全是另外一回事。

另外，提供服务和绑定到服务是相互独立的事情，我们通常会混淆。当笔者提供服务时，笔者会从头开始创建一些资源或服务，并从池中分配……。从本质上讲，配置意味着"保留一些容量供我专用。"这可能意味着很多不同的事情。例如，"提供数据库"可能意味着笔者登录到现有的 MySQL 系统并输入 CREATE DATABASE 命令。或者笔者可能会使用 Terraform 来驱动 Amazon RDS API，以创建一个完整的虚拟机。或者，笔者可能会向中心 IT 服务小组提交一张票。或者笔者只是偷偷地在办公桌旁边的机器上安装了 MySQL。

在每个场景中，我们都要确保服务是可用的。不仅仅是数据库：笔者还需要使用 RabbitMQ 或 Kafka 的主题（topics）等消息队列、对象存储（如 S3 或 GCS）中的存储桶（buckets）、用于 webhook 回调的 OAuth 令牌、API 网关服务器、日志服务提供商上的账户，等等。该请求也许会包含一些保留的底层资源——比如在提供数据库时，请求独占使用虚拟机。

当绑定某个服务时，软件之间的连接将会被切断，并且我们已经准备好这个切断了 [1]。这

---

1 顺便说一句，因为是被强行要求切段连接的，所以有可能我们还没有准备好这个切断，例如，两个应用程序之间共享一个数据库。

应该是一个很普遍的场景，而且后续也会有很多的工作要做。比如带有硬编码数据库凭据的PHP文件、JNDI、Open Service Broker API、Kubernetes ConfigMaps，等等，能列举出来的有限，实际上要更多。

总之，提供服务和绑定就像租一辆汽车。你可以通过网站或其他途径选择想要的汽车类型并预订。提供服务指保留一辆汽车供你使用。当你过去开车时，他们会给你车钥匙和一张指引车停在哪里的卡片。你找到车，上车，插入钥匙，然后开车离开。这就是完整的绑定。

区别很重要，因为 Knative 并不强制执行任何有关提供服务或绑定的策略或生命周期。通常可以通过定义事件源来绑定；如果不进行绑定，则其实是没有意义的。事件源可能生效，也可能不生效，这取决于事件源的具体实现。

例如，`PingSource` 是多合一的。它既提供服务（一个周期运行以生成 CloudEvents 的程序），也做绑定（到接收器）。相比之下，`ApiServerSource` 不提供 Kubernetes API 服务，它只做绑定。对于所使用的每个事件源而言，请记住，有时它只做绑定，有时它同时提供服务和绑定。

7.4　其他事件源

`PingSource`、`ApiServerSource` 和 `ContainerSource` 在使用时不需要额外的准备工作。大多数情况下，作为内置事件源，它们可以在安装 Knative 事件模块之后立即使用。但在实际工作中可能需要更多的事件源。

我们可以从以下几个地方查看 Knative 支持的事件源。你可以在 Knative Eventing 文档 Knative Eventing Sources 页面中查看更多更详细的事件源列表。

首先是 Knative 自己的 `eventing-contrib` 代码库。这是由众多贡献者提供的一个相对松散的第三方资源目录。截止到笔者撰写本书时，笔者可以看到涵盖各种集成的来源。例如，CephFS、CouchDB、GitHub、GitLab、Kafka 和 NATS Streaming，等等。这是 Eventing Sources 的官方沙箱项目，相信该列表会随着时间的推移继续增加。

对于使用 AWS 产品较多的用户来说，TriggerMesh 提供了丰富的事件源集合。TriggerMesh 也支持其他一些事件源。你可以看一下他们的 GitHub 组织，看看他们具体在做什么。

AWS 的相关事件源可以在 TriggerMesh 中找到，而 Google 也一直致力于提供自家的事件源及其他相关集成（例如，还没有讨论的 Channels 等）。

截止到笔者撰写本书时，Azure 仍没有相关的事件源。笔者预计这种情况在将来会迅速改变——Azure 是第一个宣布提供一流 CloudEvents 支持的超大规模企业。从支持 CloudEvents 到对 Eventing Sources 提供广泛支持演进起来比较容易。

其他大型供应商也开始涉足这个领域。VMware有一个实验性的vSphere源[1]。

预计随着时间的推移，将来可能会有越来越多的官方或第三方事件源出现。如果你对事件源感兴趣（留意想要的事件源），目前最好的方法是：

（1）定期重新访问 `eventing-contrib` 仓库。

（2）在每次发布新版本后查看文档。

7.5　总结

- 所有事件源都包含接收器和 `CloudEventOverrides`。任何具有这些字段的记录都将被 **Knative** 事件模块识别为事件源。

- 每个事件源都添加了与其使用相关的字段。例如，`PingSource` 添加了 `Schedule` 和 `JsonData` 字段。

- `kn` 可用于创建、更新和列出事件源。

- 对于内置事件源，事件模块安装了四种事件源类型：`PingSource`、`ApiServerSource`、`ContainerSource` 和 `SinkBinding`。

- 其他可用的事件源有 **GitHub**、**GitLab**、**Kafka** 和谷歌云平台等。

- 直接使用 URI 或使用标识 Kubernetes 记录（名称、命名空间等）的字段来指定接收器。

- `SinkBinding` 和 `ContainerSource` 是通用适配器，方便与没有提供事件源的现有系统集成。

1　TriggerMesh 开发了一个早期的 vSphere 源，但他们的重点显然已经转向 AWS。

第 8 章
过滤器和事件流

本章主要内容包括：

- 事件代理。
- 触发器和过滤器。
- 顺序事件。
- 并行事件。

在第 7 章中，笔者重点介绍了 Eventing "直连"的用法。在本章中，笔者会介绍一些"高级"功能，并将这些"高级"功能分为两个基本类别。

第一类是代理和过滤器，即创建一个中间人，通过这个中间人将 CloudEvents 从一个地方发送到另一个地方，这样更简单、更可靠。在前面几章中，笔者在基础知识上花费了大量的篇幅，现在终于可以介绍有关错误处理的一些附加功能了。此外，本章包含事件模块的通道等底层内容。

第二类是流，这是对事件源、接收器等更高级别的抽象。这些会放在本章的最后，因为这些建立在我们在第 7 章讨论的多个主题之上。随着时间的推移，笔者毫不怀疑这些将成为你系统中越来越重要的部分。

总之，这些"高级"功能可以帮助我们节省大量精力。毕竟，在更高维度上表达意图的方式更加有效。事件代理、触发器、顺序事件和并行事件提供了更高维度的抽象方式，帮助我们以最小的代价将 CloudEvents 传送到需要的地方。

8.1 代理

本节首先从代理开始。事件源和接收器都很好，但有一个本质上的缺点：脆弱性。如果事件源或接收器消失或不可用，那么我们的事件驱动框架将变成没用的软件。根据惯例，Knative 通过引入代理间接地解决这个问题。

关于命名

"代理"是一个带有误导性的标题。首先，Knative Eventing 附带一个内置代理，即"多租户代理（multi-tenant broker）"，通常被称为 MT broker。为什么将其指定为"多租户"？正如所有令人困惑的名字一样，答案是"历史原因"。在早期，只有"代理"。我们需要为使用事件模块的每个命名空间运行一个副本。实际结果是事件模块在大型集群上可能相当浪费，在 Kubernetes 的不同命名空间中将同时运行着多个应用软件。

后来，事件模块中出现了"多租户代理"，它从原始代理中分离出来并进行了修改，以便可以处理分布在多个 Kubernetes 命名空间中的事件模块的工作负载。运行代理实例的开销可以分摊到许多触发器上。最终，原来的代理代码被删除，多租户代理成为了唯一一代理。

但多租户代理也不是原来的代理。它是"一个"代理，默认情况下，会随着 Knative 事件模块一起被提供。但是它允许编写遵循规范的第三方代理。当然，这些也是代理，与内置代理处于同样的位置。你可能很少看到这种模式：有一些代理是内置的，但它并不阻止你使用其他代理，如果其他代理确实适合你的需求。

也许这听起来有点像在白板前展开的"谁是最伟大的建筑师"的决斗。但谷歌云平台至少存在一个第三方代理实现，即针对该环境优化运行的代理。笔者希望其他平台也可以及时跟进。现在，本书使用多租户代理，因为这就是 Knative 为我们安装的。为方便起见，笔者将其称为代理。

Knative 中的代理主要有两个作用：

- 它是一个接收器，事件源可以通过它可靠地发送CloudEvents[1]。

1　你中的嘎嘎（quacker）粉丝们会很高兴地得知代理中将涉及鸭子类型：可寻址（Addressable），这意味着它可以被其他组件用作接收器或订阅者。但除了代理的开发者，其他使用人员不需要关心太多这些琐事。这就是笔者没有在正文中讨论这个问题的原因。

- 它配合触发器一起发挥作用。它将你的过滤器应用于传入的 CloudEvents。当过滤器匹配满足时，它会将这些内容发送给订阅者。

作为开发人员，理想情况下我们是不需要自己搭建代理的。Knative 会使用一些基本的默认设置为我们安装一个代理，用于开发。安装后，代理会监听提交或修改的触发器。

如何验证这一点呢？我们可以创建触发器并且仔细地观察，如清单 8.1 所示。

清单 8.1　查找代理

```
$ kn trigger create example-trigger
  \ --filter type=dev.knative.example.com
  \ --sink http://example.com/

Trigger 'example-trigger' successfully created in namespace 'default'.

$ kn trigger describe example-trigger
```

标签 eventing.knative.dev/broker=default 是事件模块添加的，用来表明哪个触发器属于哪个代理。

```
Name:            example-trigger
Namespace:       default
Labels:          eventing.knative.dev/broker=default  ◁
Annotations:     eventing.knative.dev/creator=jchester@example.com,
             ➡ eventing.knative.dev/lastModifier ...
Age:             1m
Broker:          default                    ◁
```

字段 Broker: default 表达的是同样的意思，只不过展示得更友好。

```
Filter:
  type:          dev.knative.example.com    ◁
```

过滤器是代理获取 CloudEvents，并对 CloudEvents 进行排序的地方。

```
Sink:
  URI: http://example.com/

Conditions:
     OK TYPE                 Age  REASON
     ++ Ready                1m
     ++ BrokerReady          1m
     ++ DependencyReady      1m
     ++ SubscriberResolved   1m
     ++ SubscriptionReady    1m
```

8.2　过滤器

触发器包括过滤器。在前面创建 `example-trigger` 的示例中，我们给它设置了一个简单的过滤器：`type=dev.knative.example.com`，表示"允许所有 `type` 为 `dev.knative.example.com` 的 CloudEvent 通过"。

事件模块的过滤规则很严格：仅精确匹配[1]，既没有部分匹配，也没有 `startsWith` 或 `endsWith`，更没有正则表达式。我们可以设置多个过滤器来过滤 CloudEvent 属性，但这也非常严格：所有字段都必须匹配，这些是"与"，而不是"或"。

假设我们根据 CloudEvents 的 `type` 和 `source` 属性进行触发。清单 8.2 显示了如何使用 `kn` 来设置多个触发器及其过滤器。图 8.1 显示了事件过滤器的架构。

清单 8.2　过滤所有数据

```
$ kn trigger create trigger-1 \
    --filter type=com.example.type \
    --sink example-sink
Trigger 'trigger-1' successfully created in namespace 'default'.

$ kn trigger create trigger-2 \
    --filter type=com.example.type \
    --filter source=/example/source/123 \
    --sink example-sink
Trigger 'trigger-2' successfully created in namespace 'default'.

$ kn trigger create trigger-3 \
    --filter type=com.example.type \
    --filter source=/example/source/456 \
    --sink example-sink
Trigger 'trigger-3' successfully created in namespace 'default'.

$ kn trigger create trigger-4 \
    --filter type=net.example.another \
    --sink example-sink
Trigger 'trigger-4' successfully created in namespace 'default'.
```

1　就写作而言，这是事实。目前业界正在讨论是否允许使用某种通用的表达语言，但这些讨论都处于初级阶段。

```
$ kn trigger create trigger-5 \
    --filter type=net.example.another \
    --filter source=a-different-source \
    --sink example-sink
Trigger 'trigger-5' successfully created in namespace 'default'.
```

现在，假设我们有一个 type 是 com.example.type 和 source 是/example/source/123
的 CloudEvent。那么会发生什么呢？答案是只有事件完全匹配，才能通过触发器定义的过滤器。
对于该触发器，任何不完全匹配的内容都会被忽略，如图 8.1 所示。

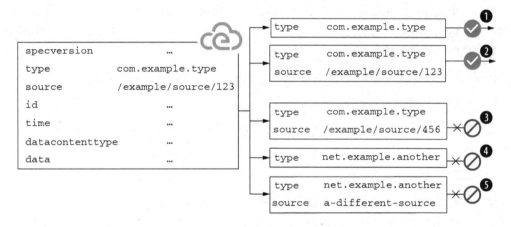

图 8.1　事件过滤器的架构

①匹配，因为 CloudEvent 的 type 是 com.example.type。

②匹配，因为 CloudEvent 的 type 是 com.example.type，且 source 是/example/source/123。

③失败，因为虽然 CloudEvent 的 type 是 com.example.type，但是它的 source 不是
/example/source/456。

④失败，因为 CloudEvent 的 type 不是 net.example.another。

⑤失败，因为 CloudEvent 的 type 不是 net.example.another，并且其 source 不
是 a-different-source。

这种严格的匹配让用户喜忧参半。从好的方面来说，它很严格。在分布式系统中，人们经
常用明天的错误或安全漏洞来换取今天的便利。如果你设置了严格的过滤器，那么下游系统就
不太可能因意外的新字段或需求的变化带来的流量而意外过载。

缺点是它没有扩展能力。如果愿意，你可以尝试使用计算机学科中学到的德摩根定律、卡诺图或者其他一些东西，将多个触发器串到一起，但大多是徒劳的。虽然你可以使用多个"与"组合过滤器来表现得像"或"，但是笔者建议不要这样做。

第一，仅仅为了理智。当一个链路的每部分服务都处于广泛分布时，你创建无限循环的概率会非常高。

第二，为了性能。Knative 事件模块仅仅将触发器视为黑箱模型。例如，当你打算以数据库查询计划器的方式将多个过滤器组合成单个触发器时，这样做就没有意义了。如果使用过滤器来决定是否将消息发送给订阅者，那么每一次这样的过滤都会给正在工作的整个系统带来延迟并增加可变性。

你有三个选择。一是等待事件模块开发以获得更具表现力的过滤系统。二是在接收器执行一些过滤，这也意味着一部分传入的 CloudEvent 基本上被浪费了。三是在源头注入附加信息，然后对其应用添加简单的过滤器。

你可以广泛地筛选 CloudEvent 中的"任何内容"，正如本书已经展示的：

- 你可以为源和类型属性添加过滤器。
- 你可以为其他必需的属性（specversion 和 id）添加过滤器。
- 你可以为可选属性（datacontenttype、dataschema、subject 和 time）添加过滤器。
- 你可以为扩展属性（如 dataref、partitionkey 等）添加过滤器。

注意 此列表中缺少的字段：过滤 CloudEvent 的正文。过滤器只监视属性。如果你熟悉前几代事件系统，则元数据、标题的路由，无论你怎么称呼它们，都是常态。"基于内容的路由"并不常见。

你可能会非常坚决地想这么做。例如，你可能有一个客户 ID，用于将请求分片到不同区域（欧洲流量流向欧洲，美国流量流向美国等）。如果 customerID 在 CloudEvent 中没有对应标准的属性，那么你应怎么做呢？

警告 在使用 CloudEvent 属性时，请记住，将任何类型的个人身份信息（PII）放到属性中都是有风险的。早些时候，笔者使用 customerID 作为可能的字段（或主题）进行传输。这通常没有问题。因此 customerID 不太可能是某人的姓名、电子邮件地址、电话号码或身份证号码等。由于事先不知道 CloudEvents 将在哪里结束或经过哪些系统，所以"遗忘权"难以实施。除非你在 CloudEvents 中使用不透明标识符，而不是个人身份信息。

第一个选项是 DIY。你可以在 CloudEvents 流的某处添加一些服务、函数或网关，并在那里执行基于内容的过滤。笔者怀疑此时你会急于使用键盘而将本书抛到脑后，但请务必重新考虑。只有自己动手才可以永远保持自己。

第二个选项通常是最好的选项，即找到定义最相似的属性并使用它。例如，使用主题或分区键来区分客户是合理的，但前提是你尚未使用这些属性。

第三个选项是添加一个属性。这是 DIY 的一个特例，前面关于扔书的警告说的就是这里，但不那么强烈。使用 CloudEvent 属性而不是嵌入 CloudEvent 正文中的某些内容，这么做的优点是，未来的 CloudEvent 感知系统会更好地使用它，并且专用于属性的代码可能比处理正文的代码更优。

8.2.1　过滤自定义属性

或许存在快速简单的例子，但笔者在这里要介绍一个烦琐的例子。到目前为止，笔者使用的工具（kn 和 CloudEvents 发送器）不允许展示笔者想要展示的东西，所以需要下降到较低的抽象级别。在示例中，我们将直接手动创建 CloudEvents，并将其发送到默认代理[1]。

为此，我们必须先创建一个转发端口，如清单 8.3 所示。

清单 8.3　转发端口

```
# 第一个转发端口
$ kubectl port-forward \
        service/broker-ingress 8888:80\
        --namespace knative-eventing

Forwarding from 127.0.0.1:8888 ->8080
Forwarding from [::1]:8888 -> 8080
```

本质上，kubectl 会将本地主机端口 8888 映射到代理入口组件的端口 8080[2]。这里会稍微令人有点困惑，我们要的是端口 80，却得到了端口 8080。这与 Kubernetes 处理网络的方式有关，令人高兴的是，这与此处的讨论无关。

现在我们已经在一个终端上建立了一个转发端口，可以直接从另一个终端向代理发送 HTTP 请求了。清单 8.4 显示了传输的信息。

---

1 最初，笔者使用 curl 来编写示例，后来改用 HTTPie（命令行中的 http）来编写示例。虽然 curl 几乎无所不在是真的，但它不是无所不能的。HTTPie 的全方位体验更好。

2 不要将此组件误认为是 Kubernetes 的入口组件。

清单 8.4　使用 HTTP 发送 CloudEvent

指定代理转发 URL 的端口。首先，localhost:8888 将流量发送到前面 kubectl 设置的转发端口上，然后，将流量转发到集群内运行的代理流量入口组件上。/default/default 路径告诉代理负载均衡组件它所需要的代理：默认命名空间下的默认代理（你不必背这个，期末考试不会考。）

```
# 第二个转发端口
$ http post http://localhost:8888/default/default \            ①
    Ce-Id:$(uuidgen) \
    Ce-Specversion:1.0 \
    Ce-Type:com.example.type \
Ce-Source:/example/source \


    message="This is an example." \
    --verbose

POST /default/default HTTP/1.1
Accept: application/json, */*;q=0.5
Accept-Encoding: gzip, deflate
Ce-Id: 4F4912F1-6F92-42A6-8FB5-35DA62D2520A
Ce-Source: /example/source
Ce-Specversion: 1.0
Ce-Type: com.example.type
Connection: keep-alive
Content-Length: 34
Content-Type: application/json
Host: localhost:8888
User-Agent: HTTPie/2.1.0


{
    "message": "This is an example."
}


HTTP/1.1 202 Accepted
Content-Length: 0
Date: Wed, 24 Jun 2020 23:00:55 GMT
```

每个 CloudEvent 都有唯一的 ID，为了方便起见，笔者使用 uuidgen 创建了一个 ID；如果你想要使用，可能需要在操作系统上安装。

Ce-Specversion、Ce-Type 和 Ce-Source 这些 HTTP 头会分别映射到 Specversion、Type 和 Source 属性上。有关如何使用 HTTP 头的更多信息，请参阅第 6 章中关于二进制内容模式的讨论。

这里笔者使用 HTTPie 的 key=value 语法来设置 JSON 键。

key=value 语法被 HTTPie 自动转换为{"key":"value"}。

如果成功发送 CloudEvent，则代理将以 202 Accepted 状态响应。这表明它处理了 CloudEvent。这不是一个 200 ok，因为在默认情况下，代理本身不会生成任何类型的响应，只是代表它已接受 CloudEvent。

大部分响应都是我们在命令中提供的。到目前为止，这还不是很有趣。一方面，我们如何知道事情是否出错？另一方面，我们如何知道事情进展是否顺利？

端口转发问题

这里需要注意的是，port-forwarding 命令并不意味着这是一个健壮的连接。如果你关闭终端，或者让计算机进入睡眠状态，或者注销等，那么端口转发连接就会断开。

当发生这种情况时，你会看到很多类似下面这种毫无意义的信息：

```
http: error: ConnectionError:
    HTTPConnectionPool(host='localhost', port=8888):
    Max retries exceeded with url: /default/default
    (Caused by NewConnectionError(
       '<urllib3.connection.HTTPConnection object at 0x10f1411c0>:
       Failed to establish a new connection:
       [Errno 61] Connection refused'))
    while doing a POST request to URL:
    http://localhost:8888/default/default
```

这很容易修复。当你再次运行 **port-forward** 命令时（清单 8.3），连接就会重新建立。

代理可以提醒你，应该注意的主要错误是 CloudEvents 格式错误。下面假设你省略了映射到 source 属性所必需的 Ce-Source 标头，如清单 8.5 所示。

清单 8.5　如果没有 Ce-Source，会发生什么呢？

```
$ http post http://localhost:8888/default/default \
   Ce-Id:$(uuidgen) \
   Ce-Specversion:1.0 \
   Ce-Type:com.example.type \
# Ce-Source 不见了！
   message="This is an example."

HTTP/1.1 400 Bad Request
Content-Length: 28
Content-Type: text/plain; charset=utf-8
Date: Wed, 24 Jun 2020 23:15:00 GMT
```

```
{
    "error": "source: REQUIRED"
}
```

400 Bad Request 状态意味着我们搞砸了一些事情。有用的是，响应的正文中告诉我们出了什么问题："error":"source: REQUIRED"。但是请注意，这里不会给出每个错误出现的原因。相反，多个错误出现的原因会被连接成一个字符串。例如，如果你同时删除 source 和 type 字段，那么会得到"error":"source:REQUIRED\ntype:MUST be a non-empty string"。笔者不确定为什么这些错误消息的风格不一致，但是它们的确不太适合监控系统的稳定性建设与巡检恢复。注意关注错误码 400，当该错误码出现时，你需要研究一下。

现在，我们如何知道事情进展是否顺利呢？从表面上看，202 Accepted 状态就足够了。代理告诉你"是的，我收到了 CloudEvent，它的格式很好，我现在要用它做点什么。"

但这只是事件流中的一个环节。毕竟，笔者正在试图向你展示如何过滤自己创建的属性，这意味着我们需要找到某种方法查看经过代理后出现的 CloudEvent。但此时笔者并没有创建一个指向 CloudEvents 发送器的触发器。与之相反的是，笔者将使用一个名为 Sockeye 的系统，这是一个可视化系统，相比而言，它可以稍微展示一下底层的细节。

下面我们一起来安装 Sockeye 并添加一个触发器，如清单 8.6 所示。

清单 8.6　设置并且连接 Sockeye

```
$ kn service create sockeye --image docker.io/n3wscott/sockeye:v0.5.0
# 省略常规的输出信息

$ kn service describe sockeye
Name:        sockeye
Namespace:   default
Age:         10s
URL:         http://sockeye.default.example.com          ◁─┐ Sockeye
                                                            └ 的 URL。

Revisions:
  100% @latest (sockeye-rnjhs-1) [1] (10s)
      Image: docker.io/n3wscott/sockeye:v0.5.0 (pinned to 64c22f)

Conditions:
  OK TYPE                AGE REASON
  ++ Ready               10s   .
```

```
++ ConfigurationsReady    10s
++ RoutesReady            10s
```

```
$ kn trigger create sockeye-source \
    --filter type=com.example.sockeye \
    --sink sockeye
Trigger 'sockeye-source' successfully created in namespace 'default'.
```

创建一个过滤器，并且设置 source 为 com.example.sockeye。

现在，我们已经配置完 Sockeye 了。接下来，我们打开 Sockeye 的 URL 并查看。正如你在图 8.2 中所看到的，一开始，Sockeye 相当简陋。

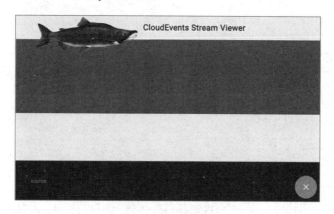

图 8.2　什么都没有

因此，在清单 8.7 中，笔者将向 Sockeye 发送一个 CloudEvent，以确保它与过滤器匹配。

清单 8.7　发送的 CloudEvent 会出现在 Sockeye 上

```
$ http post http://localhost:8888/default/default \
    Ce-Id:$(uuidgen) \
    Ce-Specversion:1.0 \
    Ce-Type:com.example.sockeye \
    Ce-Source:cli-source \
    message="This is an example."

HTTP/1.1 202 Accepted
Content-Length: 0
Date: Thu, 25 Jun 2020 21:48:39 GMT
```

再次打开 Sockeye，我们就可以看到发送的事件了。这个事件确实根据 `type` 属性进行了过滤和转发。但我们也可以用 CloudEvents 发送器展示这些信息。如何过滤自定义属性？很简单！见清单 8.8。

清单 8.8　过滤自定义属性

```
$ kn trigger create sockeye-example-attr \
    --filter example=fooandbarandbaz \
    --sink sockeye
```

创建一个过滤器，并且设置过滤属性为 example=fooandbarandbaz。

```
Trigger 'sockeye-example-attr' successfully created in namespace 'default'.

$ http post http://localhost:8888/default/default \
    Ce-Id:$(uuidgen) \
    Ce-Specversion:1.0 \
    Ce-Type:com.example.type \
    Ce-Source:/example/somethingelse \
    Ce-Example:fooandbarandbaz \
    message="El zilcho"
```

在 HTTP header 中携带自定义属性信息，并且以 Ce-开头。

```
HTTP/1.1 202 Accepted
Content-Length: 0
Date: Thu, 25 Jun 2020 21:54:37 GMT
```

关键点是在创建触发器时，我们可以对任何属性使用`--filter`。在做了这些之后，我们就可以通过返回 Sockeye 的事件来证明这是有效的（见图 8.3）。

图 8.3　出现数据了

8.2.2　事件模块提供的好东西

再次查看图 8.3，你会注意到，在 CloudEvent 中，除我们添加的属性外，Knative 事件模块也会在它处理过的 CloudEvents 上添加属性：

- `traceparent`——本书第 6 章讨论过的 CloudEvents 已定义的扩展属性。Knative 事件模块在此处添加该属性，确保下游系统拥有链路信息，以备不时之需。

- `time` 和 `knativearrivaltime`——在默认代理中，`knativearrivaltime` 会在 CloudEvent 首次到达代理入口网关时设置。这是 "事件模块首次看到 CloudEvent 的时刻"。事件模块依赖的 CloudEvents SDK 底层模块会添加 `time` 属性。它会在 CloudEvent 从代理发送到订阅者时设置。但 `time` 属性只是暂时设置的。如果你自己提供 `time` 属性，则 CloudEvents SDK 就会置之不理。

你可能会想从 `time` 中减去 `knativearrivaltime` 来推断处理时间的一些度量。请各位不要这样做。一方面，所涉及的进程可能运行在时钟不一致的不同机器上，这意味着任何此类时间都是不可信的。另一方面，事件模块也会为此目的确切记录相关指标，具体内容见第 9 章。

8.3　顺序事件

如果有足够的时间，你就可以使用事件源和接收器将所有模块连接在一起，但这很不方便。因此你可以使用代理和触发器将所有模块连接在一起，这样更简单。但有时候，这也很麻烦：你需要提供正确的触发器集合，并小心地按照正确的顺序设置它们。此外，代理可能会成为系统架构中的瓶颈。这个问题的解决方案是更直接地将流量从一个地方发送到另一个地方，而不经过中心模块。顺序事件是实现这一目标的公认方式。

为什么不直接跳过代理呢？原因是，一方面，这是一种简单且灵活的入门方式。另一方面，随着时间的推移，你将在架构中看到 "理想路径"。

你可能在现实生活中见过 "理想路径"，但不知道名字。一条美丽的铺砌路径在草坪上划出一条几何上令人愉悦的线，但它的周围是弯曲裸露的土路，这条土路是由行人在他们想要走的地方走出来的，并不是景观设计师设计的。更明智的架构师会等 "理想路径" 出现之后，再铺平它。

笔者提出这个类比是因为分布式系统并非完全不同。除了有一条你认为可以满足需求的系统路径，还有一条实际使用的路径。代理和触发器是找到 "理想路径" 的好方法，而且一旦找到，你就可以将这条 "理想路径" 替换成顺序事件。

使用代理或触发器方法的另一个原因是，笔者在撰写本节时，kn 不支持顺序事件（或并行事件）。虽然笔者可以在某些示例中使用 kn，但在实际演示顺序事件时，本节将使用 kubectl。

演练

下面我们构建一个简单的顺序事件来演示三个要点：CloudEvents 如何进入顺序事件、如何穿过顺序事件，以及如何离开顺序事件。我们将构建如图 8.4 所示的架构。

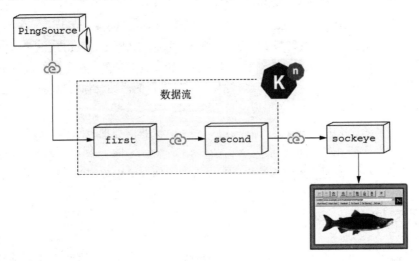

图 8.4　架构

这里假设你仍在运行 Sockeye，但你现在没有 PingSource。本节稍后会说明原因。首先，让我们看一下顺序事件的 YAML 清单，见清单 8.9。

清单 8.9　第一个顺序事件

```
apiVersion: flows.knative.dev/v1beta1
kind: Sequence
metadata:
  name: example-sequence

spec:
  steps:
```

kind：顺序事件告诉 Kubernetes 它是什么类型。Kubernetes 会将这些信息发送给 Knative 事件模块，以做进一步处理。

填什么都可以，顺序事件也需要一个名字。

spec.steps 部分是序列定义的唯一强制部分。它是真正连续的序列位，表示事件模块将按照 YAML 数组语法配置的地址列表发送 CloudEvents。顺序是有意义的：事件将按照从上到下的顺序发送。

```
    - ref:
        apiVersion: serving.knative.dev/v1
        kind: Service
        name: first-sequence-service
    - ref:
        apiVersion: serving.knative.dev/v1
        kind: Service
        name: second-sequence-service
  reply:
    ref:
      kind: Service
      apiVersion: serving.knative.dev/v1
      name: sockeye
```

这里的 ref 不是随意设置的，而是接收器的同一类型记录（一个引用 "Ref"）。你既可以在这里放置 URI，也可以手动填写可识别的 Kubernetes 字段（apiVersion、kind 和 name）。后者是 kn 在其他上下文中为你做的事。

spec.reply 部分也是一个 Ref，但是这里只允许有一个 Ref。与 spec.steps 不同的是，这里 Ref 不是数组。用户可以再次选择设置 URI 或 Ref。

上述清单可以给我们带来什么信息呢？见清单 8.10。

清单 8.10　未准备就绪

```
$ kubectl get sequence example-sequence
NAME                READY  REASON                  URL                  AGE
example-sequence    False  SubscriptionsNotReady   http://example.com   8s
```

清单 8.10 显示顺序事件还没有准备好，即 Subscriptions-NotReady。你可能已经准确地（剧透！）猜测，在这种情况下，订阅者是两个服务：first-sequence-service 和 second-sequence-service。这里我们鲁莽地为尚不存在的服务定义了一个顺序事件。现在我们来创建这些服务，并使用 Knative 事件模块提供的一个简单示例进行演示（如清单 8.11 所示）。

清单 8.11　创建顺序事件服务

```
$ kn service create first-sequence-service \
    --image
gcr.io/knative-releases/knative.dev/eventing-contrib/cmd/appender \
    --env MESSAGE='Passed through FIRST'
# 省略常规的输出信息

$ kn service create second-sequence-service \
    --image gcr.io/knative-releases/knative.dev/eventing-contrib/cmd/appender \
```

```
    --env MESSAGE='Passed through SECOND'
# 省略常规的输出信息

$ kubectl get sequence example-sequence

NAME                   READY   REASON   URL                 AGE
example-sequence       True             http://example.com  8s
```

图 8.5 显示了当前的顺序事件[1]。

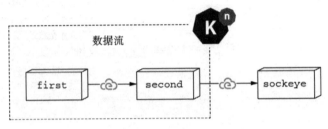

图 8.5　当前的顺序事件

接下来就是添加 `PingSource`，如清单 8.12 所示。

清单 8.12　为顺序服务创建 PingSource

```
kn source ping create ping-sequence \
    --data '{"message": "Where have I been?"}' \
    --sink http://example-sequence-kn-sequence-0-kn-channel.
      ➥ default.svc.cluster.local

Ping source 'ping-sequence' created in namespace 'default'.
```

现在，如果打开 Sockeye，我们就可以看到 CloudEvents，它们是通过顺序事件后到达的，如图 8.6 所示。

注意　消息里附加的 `Passed through FIRSTPassed through SECOND`，笔者是以其原本形式展示的，以便为示例提供真正的生产环境。这是 CloudEvent 经过了顺序事件中定义的两个 step 的证据。

1　你可能会注意到 `--sink` 这个参数传递了一个巨大的 URI，但是 `kubectl get sequence` 的输出在前面说 URL 是 http://example.com。这是因为将 `kubectl` 的输出拟合到页面上比完全的准确性似乎更重要。

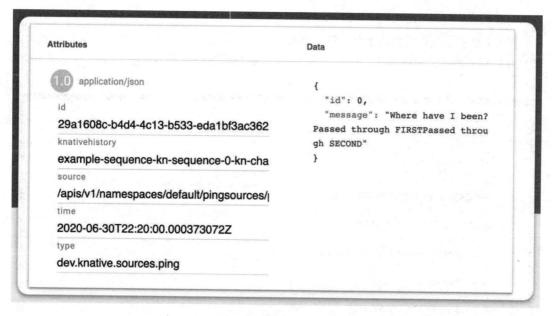

图 8.6 CloudEvent 经过顺序事件后的样子

下面解析顺序事件的最后一点：你不需要通过事件源来驱动顺序事件。顺序事件满足 Knative 事件模块中的可寻址的鸭子类型。简单来说，任何可以在顺序事件中发送 CloudEvents 的服务都可以工作。例如，清单 8.13 中定义的代理。

清单 8.13 代理和顺序事件

```
$ kn source ping delete ping-sequence # 整理一下

$ kn trigger create sequence-example \
    --filter type=com.example.type
    --sink http://example-sequence-kn-sequence-0-kn-channel.
      ➥ default.svc.cluster.local

Trigger 'sequence-example' successfully created in namespace 'default'.

$ http post http://localhost:8888/default/default \
    Ce-Id:$(uuidgen) \
    Ce-Specversion:1.0 \
    Ce-Type:com.example.type \
    Ce-Source:/example/pewpew \
    message="PEW PEW!!! "
```

图 8.7 显示了我们创建的事件。我们要求代理过滤 `type:com.example.type` 的数据，并以 URI 的形式发送给顺序事件。然后事件将从顺序事件的另一侧发出并进入 Sockeye，如图 8.8 所示。

图 8.7　我们创建的事件

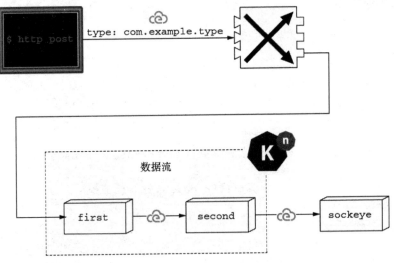

图 8.8　代理会将 CloudEvents 发送给顺序事件

这里的重点是，你不需要通过事件源来使用顺序事件。任何可以通过 HTTP 发送 CloudEvent 到指定 URI 的服务都可以用在顺序事件中。

8.4 剖析顺序事件

现在我们开始深入剖析顺序事件。顺序事件有三个主要的上层模块，其中包括你已经看到的 steps 和 reply，以及之前没有出现过的 channelTemplate。

8.4.1 步骤

在 8.3.1 节，我们介绍过 step 中会包含目的地（destinations）。在这些场景中，事件源和接收器可以被认为是相同的。你既可以提供 URI，也可以提供一些底层的 Kubernetes 字段（Ref）来标识你设置的寻址内容。

假设我们有一个名为 example-svc-1 的 Knative 服务，并且它的 URL 是 https://svc-1.example.com，另一个 Knative 服务 example-svc-2 的 URL 与之相同。接下来我们用 URI 或 Ref 对每个 step 进行定义，如清单 8.14 所示。

清单 8.14 URL 使用低速公路，这里使用高速公路

```
---
apiVersion: flows.knative.dev/v1beta1
kind: Sequence
metadata:
  name: example-with-uri-and-ref
spec:
  steps:
    - uri: https://svc-1.example.com
    - ref:
        apiVersion: serving.knative.dev/v1
        kind: Service
        name: example-svc-2
```

注意 同一顺序事件中可以混合使用 URI 和 Ref 格式。本书之前提的建议在这里依然成立：考虑到灵活性，我们更应该使用 Ref，而不是 URI。

这里我们做一点铺垫：URI 或 Ref 不是一个 step 的全部。你还可以在 delivery 部分添加错误处理配置，本章稍后会介绍这一用法。

8.4.2　回复

笔者对 `reply` 字段的感觉较为复杂。一方面，这个字段需要你清晰地表达意图所在。另一方面，顺序事件会"吞下"所有内容，或者将输出返回到某个目的地。`reply` 字段的存在可以很好地表明这种意图。

但笔者想说的是：这只是一个信号，只是一个提示。这里没有什么是真正需要强制执行的，所以 `reply` 字段仍然依赖于你何时使用它。笔者希望这个提示在未来会更加明显；现在，请你记住它。

你是否需要使用 `reply` 字段？答案是使不使用皆可。"是"的情况是你认为从每个顺序事件中发出事件是很好的做法，即使发出的只是一个 CloudEvent 回复，"是的，我在这里完成了"。当静默故障出现时，在这种情况下诊断静默故障要容易得多。如果你实际采用了该规则，则需要有一个接收 CloudEvent 的最终位置。`reply` 字段可以使意图更加明确。例如，你可以制定诸如"所有顺序事件都回复到同一个地方"或"所有处理 Foometreonics 而不产生任何新数据的顺序事件都必须向 Foometreonics 度量控制器回复状态。"

当然，在许多流程中，你首先需要的是回复。当你以编程方式创建顺序事件时会出现这种情况，而不是提前手动配置所有内容。虽然固定架构的顺序事件都可以回复到同一个目的地，但是进程 X 产生的顺序事件很可能会回复到进程 X。

与步骤字段相比，`reply` 字段有一个小缺点，即你无法在其上设置任何 `delivery` 配置。换句话说，回复不像步骤那样提供了后备机制。

8.4.3　通道模板和通道

本书基本上避免了对通道做任何深入讨论，因为笔者想把你的注意力集中在开发、连接、更新函数或应用程序等更上层的日常事务上。在某个层面上，通道是无关紧要的，它只是将 CloudEvents 从一个地方发送到另一个地方的"方式之一"。

在现阶段，这是一个很好的论点。细节很重要，在分布式系统混乱的世界中，细节显得尤为重要。在单机系统中，你不必担心函数调用有 1%时间的失败，或者只是不返回、返回乱码，以及返回不兼容的类型。总的来说，这要归功于数十年来在 CPU、RAM、操作系统、文件系统、编译器、链接器等方面的投资。但是，当单机系统加上网络和一大堆独立的机器时，突然之间，这一切就变成了"地狱"，或者至少是"地狱"附近的某个地方（代理会随时在这里将其重命名为"分布式诅咒高地")。

所以通道开始变得很重要。在设计基于 Knative 事件模块的系统时,你至少需要考虑一两次。尤其是,你需要注意为通道的实现提供确切的保证,并决定这是否会关系到你的用户(不是说你,而是你的用户)。

通道模板(ChannelTemplate)究竟是什么样子的呢?笔者并不能明确地回答这个问题,因为这取决于通道模板如何被使用。如清单 8.15 所示,在事件模块中,与通道模板相关的参数非常少。

清单 8.15 笔者所知的最简单的通道模板

```
apiVersion: flows.knative.dev/v1beta1
kind: Sequence
metadata:
  name: example-sequence-in-memory
spec:
  channelTemplate:
    apiVersion: messaging.knative.dev/v1beta1
    kind: InMemoryChannel
    spec:
      # 省略所有参数
  steps:
    # 省略 steps 参数
```

通道模板在这里体现为顺序事件上的一个 `channelTemplate` 字段,它只需要设置两个子字段:`apiVersion` 和 `kind`。它们是同名的普通 Kubernetes 字段。在清单 8.15 中,你可以看到它们都位于 `spec.channelTemplate` 下。

但就事件模块而言,`spec.channelTemplate.spec` 可以是任何东西。原因是所有通道模板所做的都是找出通道模板,并将其转换为通道记录。笔者猜想,这就是你对模板的期望。`apiVersion` 和 `kind` 字段告诉事件模块模板提交的记录类型。`channelTemplate.spec` 未通过事件模块验证。相反,`spec` 验证可以用来判断该通道类型是否已经安装。

因此,在清单 8.15 中,`kind:InMemoryChannel` 表示事件模块将此处的通道委托给本章使用过用的内存通道。但也不必都如此,例如,我们可以使用 Kafka 通道的适配器,如清单 8.16 所示。

清单 8.16   KafkaChannel 的蜕变

```
apiVersion: flows.knative.dev/v1beta1
kind: Sequence
metadata:
  name: example-sequence-with-kafka
spec:
  channelTemplate:
    apiVersion: messaging.knative.dev/v1alpha1
    kind: KafkaChannel
    spec:
      numPartitions: 1
      replicationFactor: 1
  steps:
    # 省略 steps 参数
```

与 InMemoryChannel 不同，KafkaChannel 确实需要一个 spec。这里，spec 携带了与 Kafka 代理连接的配置信息，你在 InMemoryChannel 上看不到这些信息。其他类型的通道实现也如此，spec 将专门用于特定的通道实现。抱歉，你将需要阅读一些文档。

更灵活的开发人员现在想知道：使用 Kafka 通道来编辑服务，会得到一个 Kafka 代理或其他内容吗？答案是"不会"，或者至少是"不会，除非你们公司的平台工程师已经安装了它"。这可以追溯到第 7 章中关于配置与绑定的讨论。

在设置 channelTemplate 这个字段后，事件模块会为你执行编排操作，但它不一定会提供 Kafka 代理。有人需要（1）安装 Kafka 和（2）安装某种知道如何读取和操作 KafkaChannel 记录的软件（就像 Knative 控制器知道如何读取和操作服务、路由、事件源、触发器等）。清单 8.16 中的 YAML 不会做任何事情，它只做了绑定声明。

所以灵活的开发人员运气不好，但是懒惰的开发人员呢？顺序事件必须使用通道模板吗？令人高兴的是，答案是"否"。如果你不使用通道模板，则可以使用 Knative 事件模块提供的开箱即用的 InMemoryChannel，平台工程师可以将其设置为命名空间或整个集群的默认值。

笔者期望的是，一般来说，作为开发人员，你不需要经常设置 channelTemplate。但是你可能希望在不同情况下使用不同的通道实现及不同的通道设置。将 InMemoryChannel 用在开发环境可能没有问题，但是将其用在生产环境中就不太可能被接受。如果你手动设置了 channelTemplate，则需要维护该模板的两个版本或添加某种通道模板到 CI/CD 基础架构中。不使用 channelTemplate 可以让你完全摆脱这种命运。

8.4.4　混合顺序事件和过滤器

你基本上可以按照喜欢的组合将顺序事件与代理或触发器混合和匹配。这也是鸭子类型的魔力：代理可以是顺序事件的步骤或回复的目的地址，而顺序事件可以是触发器的目的地址。

你对两者的结合使用方式取决于你对顺序事件的熟悉程度。换句话说：你可以将稳定、运行良好的路径放入顺序事件中，将代理和触发器放在顺序事件之前（原则上是过滤越早，效率越高），要么直接放在顺序事件之后（原则上顺序事件不需要关心它的结果在哪里结束，但你会关心）。理论上，你可以将代理作为顺序事件中的一个步骤，但这样的架构是混乱的；过滤器定义的任何错误都会导致未完成的顺序事件堆积起来，并对整个系统造成压力。

实际上，笔者认为代理仍然可以作为消息架构间的中转站，但现在是在顺序事件之间切换，而不是在单个服务之间切换。当某个特定的 Sequence→Broker→Sequence 路径被大量使用时，你可以考虑是否将其更新为 Sequence→Sequence，甚至将两个顺序事件合并为一个顺序事件。

8.5　并行事件

并行事件与顺序事件类似，只是在使用上存在一些差异，如清单 8.17 所示。

清单 8.17　两者看起来十分相似

```
---
apiVersion: flows.knative.dev/v1beta1
kind: Sequence
metadata:
  name: example-sequence
spec:
  steps:
    - uri: https://step.example.com
---
apiVersion: flows.knative.dev/v1beta1
kind: Parallel
metadata:
  name: example-parallel
spec:
  branches:
```

在顺序事件中，spec.steps 中的每一部分都是一个目的地址——一般是 URI 或者 Ref。

在并行事件中，顶层是 spec.branches。这不是目的地址数组，而是分支数组。

```
    - subscriber:
        uri: https://subscriber.example.com
```

每个分支都需要一个字段：subscriber，这也是一个目的地。当然，你也可以在这里使用 URI 或者 Ref。

为什么要在 spec.branches 和 uri 之间增加订阅者这个额外的层级呢？这是因为分支（branch）实际上可以携带更多的可选配置：

- filter——可以传递或拒绝 CloudEvent 的地方。在笔者看来，它与触发器中的过滤器不同。
- reply——这是我们的老朋友，回复。如果你愿意，可以为每个分支设置一个 reply。
- delivery——这个将在本节后续讲解。

"过滤器" 的两种含义

并行事件中的过滤器与触发器上的过滤器不同。而且两者是完全不同、不相关的事情。这是一个不幸的命名选择。

分支的过滤器是一个目的地，而不是应用于代理或类似代理系统应用的规则。它是一个 URI 或 Ref，由事件模块将 CloudEvent 发送到该 URI 或 Ref，然后该目的地的任何内容都必须有正确的返回值。

不知你刚才是否注意到，过滤器和订阅者的组合很像一个两步顺序事件。CloudEvent 流经过滤器，然后从过滤器流向订阅者。

实际上，过滤器和订阅者都是正常的进程；过滤器可以做的事情，订阅者也可以做，反之亦然。在表达开发者意图方面，这是一个很好的分离，类似于受保护的子句。但是，通过进程进行路由以获得通过/失败决定的开销可能相当大。

在并行事件的分支上，什么时候使用过滤器最合适呢？笔者的观点是，一般不要使用过滤器，只有一个例外。如果订阅者是昂贵的或有限的资源，并且你希望在到达之前尽可能地减少不需要的事件。例如，我们可能正在运行一个系统，并且想将 CloudEvent 的一小部分发送到内存进行分析存储，以便进一步分析。我们宁愿在到达数据库之前减轻负载，而不是将所有数据都插入数据库。在这种情况下，过滤器是一个有用的工具。

演练

你可以用并行事件做的最简单的事情就是把它当作一个顺序事件。本节将通过清单 8.18 重新创建一个单步骤顺序事件进行演示。注意，缩进是有意义的，并且缩进多少非常严格。

清单 8.18　parallel-example.yaml 文件内容

```
---
apiVersion: flows.knative.dev/v1beta1
kind: Parallel
metadata:
  name: example-parallel
spec:
  branches:
  - subscriber:                     ←── subscriber 的定义，与顺序
      ref:                              事件中的类似。
        apiVersion: serving.knative.dev/v1
        kind: Service
        name: first-branch-service
    reply:                          ←──────── 回复的定义。
      ref:
        kind: Service
        apiVersion: serving.knative.dev/v1
        name: sockeye
```

笔者不想赘述这一点，但缩进很重要。回复不是订阅者的一部分——两者是对等的。

现在我们创建了三个服务（用于订阅者）、一个触发器（用于管理 CloudEvents 进入并行事件）和并行事件本身，如清单 8.19 所示。

清单 8.19　配置服务和触发器

```
$ kn service create first-branch-service \
    --image
gcr.io/knative-releases/knative.dev/eventing-contrib/cmd/appender \
    --env MESSAGE='FIRST BRANCH'

# 省略创建服务时的输出信息

$ kn trigger create parallel-example \
    --filter type=com.example.parallel \
    --sink
    ➥ http://example-parallel-kn-parallel-0-kn-channel.
    ➥ default.svc.cluster.local
```

```
Trigger 'parallel-example' successfully created in namespace 'default'.

$ kubectl apply -f parallel-example.yaml

parallel.flows.knative.dev/example-parallel created
```

注意 笔者在某些地方使用了 kn，在必需的地方使用了 kubectl。接下来会发生什么呢?

总结一下：触发器可以将匹配的 CloudEvents 发送给并行事件的 URI。并行事件将该 CloudEvent 发送到创建的服务，该服务将 FIRST BRANCH 附加到所有通过它的 CloudEvent 消息上，然后在 Sockeye 中显示该 CloudEvent。

我们按照清单 8.20 操作，即可看到在 Sockeye 中显示了什么。

清单 8.20　调用并行事件

```
http post http://localhost:8888/default/default \
    Ce-Id:$(uuidgen) \
    Ce-Specversion:1.0 \
    Ce-Type:com.example.parallel \
    Ce-Source:/example/parallel \
    message="Here is the Parallel: "
```

如图 8.9 所示，我们得到了一个类似顺序事件的结果。但是并行事件的目的并不是获取顺序事件已经具备的能力。现在我们想要将 CloudEvent 的相同副本发送给多个订阅者。如清单 8.21 所示，这并不难。

清单 8.21　发送给多个订阅者

```
---
apiVersion: flows.knative.dev/v1beta1
kind: Parallel
metadata:
  name: example-parallel
spec:
  branches:
  - subscriber:
      ref:
```

```
      apiVersion: serving.knative.dev/v1
      kind: Service
      name: first-branch-service
  reply:
    ref:
      kind: Service
      apiVersion: serving.knative.dev/v1
      name: sockeye
- subscriber:
    ref:
      apiVersion: serving.knative.dev/v1
      kind: Service
      name: second-branch-service
  reply:
    ref:
      kind: Service
      apiVersion: serving.knative.dev/v1
      name: sockeye
```

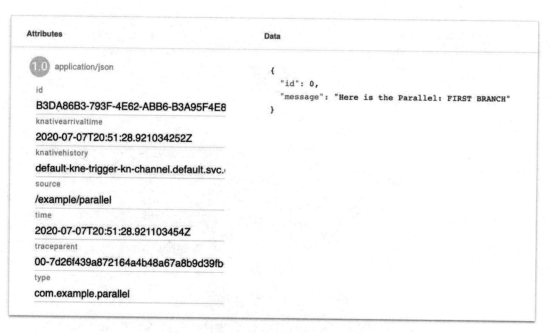

图 8.9　在 Sockeye 中接收 CloudEvent

在清单 8.22 中，我们添加了一个第二分支服务作为订阅者。但两个分支的回复地点相同——Sockeye。并行事件的概念模型如图 8.10 所示。

清单 8.22　更新示例

```
$ kn service create second-branch-service \
    --image gcr.io/knative-releases/knative.dev/eventing-contrib/cmd/appender \
    --env MESSAGE='SECOND BRANCH'

# 省略创建服务时的输出信息

$ kubectl apply -f parallel-example.yaml

parallel.flows.knative.dev/example-parallel configured

$ http post http://localhost:8888/default/default \
    Ce-Id:$(uuidgen) \
    Ce-Specversion:1.0 \
    Ce-Type:com.example.parallel \
    Ce-Source:/example/parallel \
    message="Here is the Parallel: "
```

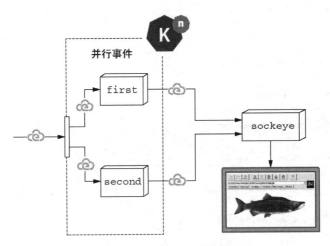

图 8.10　并行事件的概念模型

图 8.11 显示了结果：两个副本。在本示例中，并行事件制作了 CloudEvent 的两个副本，并将它们发送到每个分支（扇出）。然后这些分支将它们的回复发送到相同的 Sockeye 实例（扇入）。

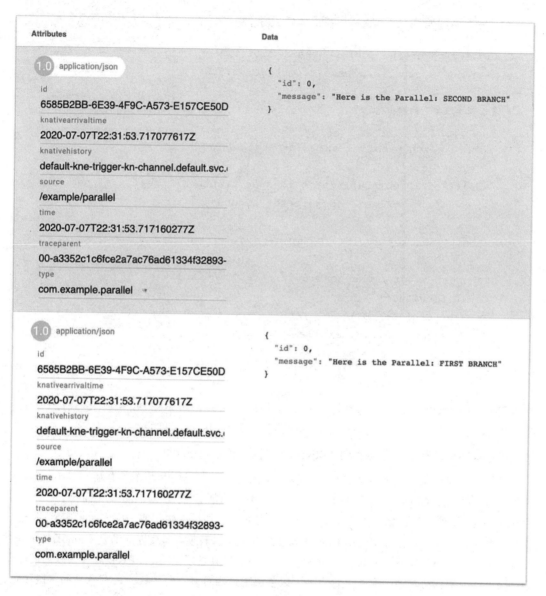

图 8.11　并行事件中的并行事件

你可能不相信这个事实。为了证明这一点，笔者将创建第二个 Sockeye 服务，并且有一个分支会将数据回复给它。笔者将使用一些花哨的 kubectl 技巧来避免使用几乎相同的 YAML，以免你感到厌烦（参见清单 8.23）。

清单 8.23　添加第二个 Sockeye 并更新并行事件

```
$ kn service create sockeye-the-second \
    --image docker.io/n3wscott/sockeye:v0.5.0

# 省略创建服务时的输出信息

$ kubectl patch parallel example-parallel \
    --type='json' \
    -p='[{"op":"replace", "path":"/spec/branches/1/reply/ref/name",
             ➡ "value":"sockeye-the-second"}]'

parallel.flows.knative.dev/example-parallel patched

$ http post http://localhost:8888/default/default \
    Ce-Id:$(uuidgen) \
    Ce-Specversion:1.0 \
    Ce-Type:com.example.parallel \
    Ce-Source:/example/parallel \
    message="Here is the Parallel with parallel replies: "
```

　　我们在两个浏览器窗口中分别打开 sockeye 和 sockeye-the-second（见图 8.12），可以看到并行事件实际上确实将 CloudEvent 发送给了两个不同的回复目的地。

　　通过观察可以发现，这两个 CloudEvent（见图 8.12）几乎相同。

　　但笔者应该道歉，因为这里的例子表现得不太好。现在我们有两个具有相同 id、source 和 type 字段的 CloudEvent；任何符合要求的实现都有权将它们视为相同的逻辑上的 CloudEvent，即便它们在物理上是不同的。在使用并行事件时，你需要在扇入时考虑到这一点。例如，如果其中一个分支对不同的 CloudEvent 进行了某种转换，那么你就清楚 CloudEvent 并行发送的机制了。但是就像清单 8.23 所做的那样，如果你只是发送 CloudEvent，那么就需要一些更强大的工具来区分消息。要么进行过滤，以免出现逻辑重复；要么修改最有意义的字段（id、type 或 source）之一。

　　现在你想知道的是为每个分支提供回复是否会浪费资源。答案是不会，原因有两个。（1）你可能不关心发送给分支订阅者的 CloudEvent 的结果，因而完全忽略回复；CloudEvent 只作为 HTTP 请求进行传送，但不期望或处理任何 HTTP 回复。（2）你可以为整个并行事件提供单个上层回复，并将其作为每个分支的默认值。你可以通过提供特定于该分支的回复来覆盖，否则，任何出现的内容都会被发送到上层回复中。这意味着我们可以将 YAML 重写得稍微短一些，如清单 8.24 所示。

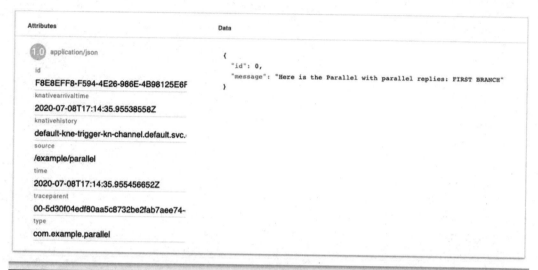

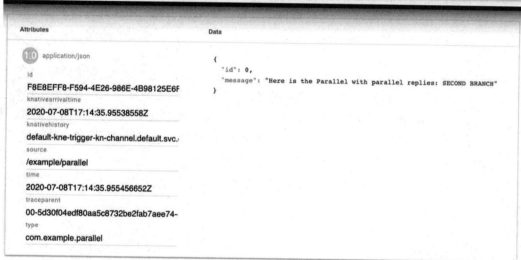

图 8.12　在两个 Sockeye 中接收 CloudEvent

清单 8.24　一个简单的扇入

```
---
apiVersion: flows.knative.dev/v1beta1
kind: Parallel
metadata:
```

```
    name: example-parallel
spec:
  reply:
    ref:
      kind: Service
      apiVersion: serving.knative.dev/v1
      name: sockeye
  branches:
  - subscriber:
      ref:
        apiVersion: serving.knative.dev/v1
        kind: Service
        name: first-branch-service
  - subscriber:
      ref:
        apiVersion: serving.knative.dev/v1
        kind: Service
        name: second-branch-service
```

你可能会注意到，在清单 8.24 中，`reply` 被放在了 `branches` 之上。需要明确的是：这样做对 Knative 事件模块没有任何影响。笔者这样做是为了减少因为缩进混乱导致的失败。如果将 `spec.reply` 放在 YAML 文件的 `spec.branches` 之下，则"此回复属于此分支"和"此回复属于此并行事件整体"之间的视觉差异将会很小。在编辑器或代码审查期间，我们很容易忽视它。

与顺序事件一样，我们可以在并行事件的顶层配置上设置 `channelTemplate` 字段。这时，并行事件可以在每个分支上放置 `delivery` 设置。这也意味着笔者必须揭示 `delivery` 设置是什么了。

8.6　处理失败

一句流行的谚语表明，现象总会并自发地发生（谚语使用了略短的短语。）

——蒂莫西·巴德（Timothy Budd）

就罗马皇帝而言，马可·奥勒留是一个相当冷静且镇定的人，他花时间解释了他保持冷静的原因。但马可·奥勒留只需要面对强大而好战的敌人、困难重重的经济，以及一个心理变态的儿子。他从来不必处理分布式系统，甚至是未分配的那种。如果他还需要处理分布式系统，那么马可·奥勒留著名的冷静的反应可能会变成咆哮。

是的，事情失败了。他们太失败了，而且经常失败。这令人抓狂。几十年来一直如此（笔者最喜欢的一些哀叹是对远程过程调用范式的批判和关于分布式计算的注释）。事件处理通过实现一些常见模式来为失败提供容限：重试、重试退避和死信。

笔者现在要描述的是 delivery 类型。它可以在一个顺序事件的 step 或一个并行事件的 branch 中找到。清单 8.25 展示了这一点。

清单 8.25　具备 delivery 配置的顺序事件的 step 和并行事件的 branch

```
---
apiVersion: flows.knative.dev/v1beta1
kind: Sequence
metadata:
  name: example-sequence-delivery
spec:
  steps:
  - uri: http://foo.example.com
    delivery:
      # 省略待完成的部分
---
apiVersion: flows.knative.dev/v1beta1
kind: Parallel
metadata:
name: example-parallel-delivery
spec:
  branches:
  - subscriber:
      uri: http://bar.example.com
    delivery:
      # 省略待完成的部分
```

那么，delivery 字段是什么呢？基本上，它负责完成两件事：重试退避和死信。笔者将使用顺序事件作为运行示例进行讨论，因为它稍微不那么繁忙，该讨论同样适用于并行事件。

注意　笔者将讨论的所有 delivery 配置都是可选的。理论上，你可以设置空的 delivery

配置，虽然也会被解析并通过验证，但看起来很傻。

8.6.1　重试和退避

失败是不可避免的，在分布式系统中，失败了十分正常。重试是失败时的简单应对策略。通常你不想一直重试，因此重试逻辑的"第一站"是限制重试次数，如清单 8.26 所示。

清单 8.26　投递重试

```
---
apiVersion: flows.knative.dev/v1beta1
kind: Sequence
metadata:
  name: example-sequence-delivery
spec:
  steps:
    - uri: http://foo.example.com
      delivery:
        retry: 10
```

delivery.retry 字段是一个简单的整数。它被定义为尝试的最小重试次数，以及首次失败的 CloudEvent 尝试。在清单 8.26 的 YAML 示例中，我们设置了 retry:10。如果请求一直出错，则事件模块至少会发出 11 次请求，而不是 10 次。

重试次数的设置可以超过 11，因为通道可以多次传递 CloudEvent。这可能会让人感到意外。各种队列或消息系统都有"至少一次"的保证，这是很常见的。而提供"最多一次"保证的系统则少得多。"有且仅有一次"保证是两者的交集，可以说是不可能的，这取决于人们如何定义问题。这就是 CloudEvents 鼓励你提供唯一的 id、source 和 type 字段的部分原因——以帮助下游系统清楚地忽略重复事件。特别是当发送结果被错误地认为是失败的结果时，重试可以保证发送成功。在这种情况下，重试会导致多次发送同一个 CloudEvent。

说到重试问题，你可能不想立即重试。因为一旦做得不好，就会导致"重试风暴"，在这种情况下，倒霉的下游系统会被一群不耐烦的上游系统暴徒"捣碎成糊状"。在负载较高的系统中，重试会导致负载严重增加，这种问题是出了名的糟糕。当系统只是在过载的边缘摇摇欲坠时，过于激进的重试只会将其击垮。

因此我们需要使用 backoffDelay 和 backoffPolicy 来配置退避。backoffDelay 以简单

格式表示持续时间（例如，"10s"表示 10s）。`backoffPolicy` 描述了如何使用该持续时间。

如果你设置了 `backoffPolicy:linear`，则系统会在固定延迟后重试。如果你同时设置了 `backoffDelay:10s`，则系统将在 10s、20s、30s等时间后开始重试 [1]。如果你设置的是 `backoffPolicy:exponential`，则间隔的重试时间是之前的两倍。如果你使用相同的 `backoffDelay:10s`，则系统将在 10s、20s、40s等时间点进行重试。`backoffDelay`提供了一个基础值，每次尝试的间隔都是 2 的整数次方——1x、2x、4x、8x，等等。

8.6.2　死信消息

然而，所有的重试可能都是徒劳的。一种选择可能是系统完全放弃，让 CloudEvent 直接消失。对于某些场景来说，这完全没有问题。如果你的场景是将单个点作为统计数据的汇总，那么偶尔丢失一两个数据点是可以接受的，因为一个数据点的存在与否不会对结果产生足够大的影响，因而不用担心。但是，如果系统丢失了大量的 CloudEvents，或者你使用 CloudEvents 编码后含有较高的独立信息（例如，"服务器因堆栈溢出而崩溃""客户在购物车中添加了一顶帽子"等），那么接受无声的损失并不理想。

实际上，一般出问题的除了那些新产生的错误，更有可能只是普通的旧错误。你所做的更改，在测试系统中是有效的，但是在生产环境中出现了故障。例如，部署期间正在运行的软件有两个版本，v1→v2 的版本可以工作正常，但 v2→v1 的版本（因为某些原因你没有测试）默默地失败了。你打开了一个古老的日志并重放它以恢复一个旧记录，但是模式（Schema）已经变了，并且在 22.7 版的 DangNabbit.io 代理中有一个奇怪的错误，如果你忘记抛弃正确的牺牲品，那么现在每隔 121 条消息就会有一条消息消失，但是你没有发现，因为软件以 120 的倍数累积……这回你明白了吧。

`deadLetterSink` 是预防此类不可预见问题的附加防护措施。你指定一个地方，如果所有常规发送重试都失败了，则 CloudEvent 将结束并发送至此。笔者希望，你在第一次出现这种情况时就开启监控。因为死信是经常出现问题的地方，所以会让你对这个问题感到烦恼。除此之外，你应定期注入一个已知的坏 CloudEvent，以查看死信队列是否可以正确地处理死信消息。

死信模式并不完美。接收器可能会关闭，也可能在某些高度依赖的订阅者消失后，死信服务开始接收所有事件，并且由于突然出现大流量数据，死信服务会被击垮。但从安全角度考虑，它是无价的。当死信服务在那里并且正常运行时，你可以获得未能到达某处的 CloudEvent，这将为你排查问题时提供更多线索。

1　如果你使用线性时间，则可以考虑选择素数持续时间，如用 11s 代替 10s，用 997ms 代替 1s 等。素数时间不太可能和许多非素数补偿间隔巧合地重叠。

8.6.3 坏消息

`delivery` 配置有一个小问题：它意味着它将由通道的具体实现来解释和执行，但这些实现是可选的。在撰写本节时，实际上只有 `InMemoryChannel` 会这样做。虽然这不是最令人满意的状态，但是笔者希望随着事件模块的应用范围和支持的软件越来越广，这种情况会被迅速地改善。

8.7 总结

- 事件代理负责两件事：充当 CloudEvents 的接收器和作用于触发器。
- 通道负责在 Knative 事件模块的组件（例如事件源、代理和顺序事件的 steps 或并行事件的 branches）之间传输 CloudEvents。
- 触发器具有与特定属性完全匹配的过滤器。
- 顺序事件可以连接多个线性步骤，而无须通过代理路由所有内容。
- 顺序事件有步骤、回复和通道模板。
- 你可以将触发器输入顺序事件。
- 并行事件可以给一个 CloudEvent 扇出和扇入多个服务，而无须通过代理进行路由。
- 并行事件有分支、通道模板和回复。
- 分支有过滤器。该过滤器与触发器的过滤器不同。
- 分支可以只有一个订阅者和一个回复。
- 你可以在顺序事件的 steps 和并行事件的 branches 中使用 `delivery` 描述故障策略。
- `delivery` 有重试、回退延迟、回退政策和死信接收器。
- `delivery` 不一定会在通道中实现。在撰写本节时，只有 `InMemoryChannel` 实现了 `delivery` 配置。

第 9 章
从概念到生产

本章主要内容包括：

* 使用云原生构建包构建容器。

* 使用通用的 CI/CD 工具滚动升级。

* 日志、指标和跟踪。

到目前为止，笔者所说的都是 Knative 本身。但是软件不是凭空存在的——它必须被编译和运行。在本书结尾部分，笔者想简单介绍一些我们日常工作中的基本技能。Pivotal Tracker 将这些称为"杂务"：使工作变得更简单，以及提高效率必做的事情。

我们通常认为这也是我们职责内的事情。在米其林星级餐厅的厨房里，完美主义的厨师被教导要沉迷于"就地"——"一切就位"。在烹饪一道菜之前，他们希望每一把刀、每一种调料、每一个表面、每一种原料、每一个器具、每一个平底锅、每一个煤气炉……都干净、锋利、新鲜，并且始终如一的在同一个地方。

对于开发者来说，值得倾尽所有注意力的莫过于自己的软件了。现在你已经了解了 Knative，这是一个可以启动、运行、扩容和连接软件的系统。

现在是时候谈谈整合问题了。首先，将软件导入 Knative。其次，观察软件行为。笔者曾经谈到过,其实你就是 Knative 软件之间的控制器(见图 9.1)。注意图 9.1 中的两个箭头:一个是将软件投入生产中(驱动),另一个是查看它在生产中的行为(感知)。

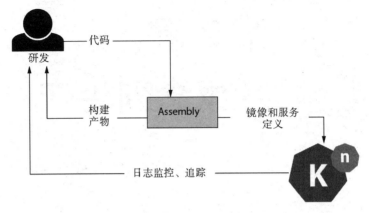

图 9.1　同样是控制循环

9.1　将软件变成可运行的东西

我们先来看看将源码转换成容器镜像的过程。一种常见的做法是使用 Dockerfile,并将所有内容挂在 `latest` 标签上。笔者并不是 Docker 的粉丝。笔者的观点是,你不能相信镜像仓库里的标签,至少应该考虑 Dockerfile 的替代方案。

替代品其实有很多,笔者推荐使用摘要(digest)。

9.1.1　使用摘要

这很重要,接下来笔者会花一点时间来解释。

你深入观察一下即可发现,容器镜像是一堆压缩包,使用一些 JSON 联系在一起。当你将服务交给 Knative 运行时,它会委托给 Kubernetes 运行。反过来,Kubernetes 委托给它的 `kubelet` 代理运行。kubelet 代理将依次转向实际的容器运行时(例如 containerd)来真正运行软件。

容器运行时提供的最重要的输入是它应该运行的容器镜像。正如笔者之前提到的,可以通过多种方式引用单个镜像。但最终,容器运行时需要将引用转换为 URL,获取有关镜像的元数据,然后获取包含镜像实际内容的二进制数据。

到目前为止一切顺利,但二进制数据的获取并不是免费的。因此容器运行时通常会维护镜像和层的本地缓存。如果容器运行时之前拉取过镜像 `example/foo`,当再次使镜像 `example/foo` 运行容器时,就不会重新拉取了,而是直接利用本地磁盘上的内容。

问题在于：example/foo 是一个没有确切、稳定含义的名称。在不同时刻，它指向不同的镜像，具体依赖于你所使用的镜像系统。集群中的容器运行时对于哪个镜像是 example/foo:latest 存在歧义，而且容器正在使用的镜像很可能与开发者刚刚推送的镜像仓库中的不一致。

当然还有更多问题！不同的名称可以引用相同的镜像，即逐字节完全相同的镜像，但容器运行时仍将其视为不同的名称。因此，当容器运行时检查它的缓存中是否有 example/foo 时，无法保证其本地缓存中的 example/foo 与它将要从镜像仓库中拉取的是同一个。事实上，开发者也无法保证它的含义。到目前为止，必须强制执行一致性，但并不保证是一致的。

对此，Kubernetes 引入了 imagePullPolicy 配置项，Knative 也可以设置该配置项。特别是，Knative 允许你将其设置为 Never（从不，对我们来说其实是无用的）、IfNotPresent 或 Always（始终）。表面上看，这些应该足够了，但实际上并不够。

当镜像的名称发生改变时，设置为 IfNotPresent 是有问题的。随着时间的推移，一个集群可能会有多个版本的镜像，因为不同的节点会在不同的时间点从镜像仓库拉取镜像，如图 9.2 所示。

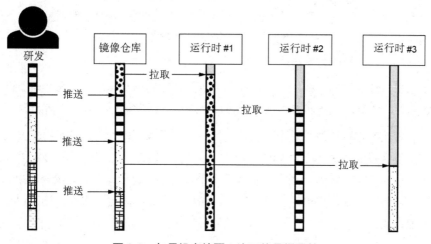

图 9.2　如果没有摘要，这可能是场噩梦

即使设置为 Always，也无法解决不一致问题。因为它仅在从镜像启动容器时拉取镜像。如果软件副本在节点#1 上运行了很长时间，稍后将在节点#2 上启动第二个副本，那么仍然会得到不一致的版本。而且，Always 意味着镜像缓存不会有任何帮助。

图 9.2 展示了一个场景，最后有五个不同版本的镜像在流通。开发人员的期望状态很容易与集群的实际状态不同步。无论使用的是 Always 策略还是 IfNotPresent 策略，都可能发生这种情况，具体取决于事件的准确顺序。

解决这个问题的唯一办法是使用完全限定（也称为"摘要"）镜像引用，这意味着镜像引用包含摘要（例如，`@sha256:abc-def123…`）。与其他形式的引用不同，带有摘要的镜像引用只能指定一个容器镜像，且仅有一个容器镜像。该引用是精确的、不可变的。今天所指的，和明天、下周、明年所指的一样。那是因为它是基于镜像本身精确的字节。它不依赖于镜像仓库定义。它可以从镜像中计算出来。改变一位，摘要就会变得完全不同。

注意 "那么标签呢？"你可能会问。"如果我的 CI 系统生成的镜像标签是可信赖的，那么使用 `example/foo:v1.2.3` 有什么问题？"问题是标签是可变的，不能保证 v1.2.3 明天仍是同一个镜像。事实上，标签是可以删除的。基本上，依赖标签实际上是不可取的。

对于使用原始 Kubernetes 的人来说，完全限定的镜像引用加上 `IfNotPresent`，既安全又高效。但这需要你在如何使用 Kubernetes 资源（如 Pod 或部署）方面遵守规则。Kubernetes 本身对提供的镜像引用不强制执行任何策略；它基本上会将这些镜像引用直接传送到容器运行时，最终产生的实际后果由你自行承担。

Knative 在这方面做得非常友好：如果提交的镜像地址完全合格，那么 Knative 将使用它。如果提交的镜像地址不合格，则 Knative 将为你创建一个（含有摘要的镜像地址）。也就是说，无论何时创建修订版本，它都会将类似 `example/foo` 的镜像地址解析为 `docker.io/example/foo@sha256:2ad3…`这样的完全限定引用。

这对于确保修订版本的一致性和稳定性至关重要。它确保修订版本的每个运行副本都使用相同的容器镜像。它确保如果将来再次使用该修订版本，则仍将获得相同的容器镜像。

但是，笔者认为你应该做得更多。无论在何处创建镜像，或使用镜像参考定义记录，都应始终使用完全限定版本。这是因为"创建镜像"和"使用镜像"之间的差距可能很大。Knative 无法回溯查看你的 CI/CD 流程。当它解析镜像引用时，它只能看到当时镜像仓库中的内容。这可能是使用者期望的那样，也可能不是。但是，如果使用完全限定的参考，则可以保证获得使用者期望的准确镜像。

9.1.2 使用云原生构建包和 pack 工具

如果你之前已经构建过一个容器镜像，那么你可能已经使用了 Dockerfile。笔者对 Dockerfile 的看法并不完全是褒义的。笔者知道 Dockerfile 对于新手来说很容易，并且它们的用法几乎是通用的。但这些也是使用 Bash 的理由（那群勇敢的黑客将其视为一种编程语言）。Dockerfile 就像土星五号火箭的第一级。它们把事情做好了，但它们不是目的地。笔者在这里想适当延伸一下。

实际上，除了 Dockefile，还有许多替代品。笔者最喜欢的是云原生构建包（Cloud Native Buildpacks，CNBs）。如果使用 Onsi Haiku 测试来看本书的话，就是：

这是我的源代码。

帮我在云端运行。

我不在乎是怎样运行的。

对笔者来说，构建包一直是上述理论的基石，因为它可以以代码的形式开发。部署工件换了又换，但总会有代码。学习编写 Dockerfile 需要从一个简短的教程开始，然后通过一些较长的教程来创建安全、高效、安全的镜像。

但是从历史上看，想要使用构建包，你只需输入 git push heroku 或 cf push 命令即可。事实上，确实如此，所有巧妙的优化和安全机制都由构建包工具在背后为使用者实现了。

所以笔者喜欢构建包。使用云原生构建包的最简单的方法是 pack CLI，见清单 9.1。

清单 9.1　helloworld.go

```
package main

import (
    "fmt"
    "net/http"
)

const page = `
<!DOCTYPE html>
<html>
    <head>
        <title>Hello, Knative!</title>
    </head>
<body>
    <h1>Hello, Knative!</h1>
    <p>See? We made it!</p>
</body>
</html>
`

func main () {
```

```
    fmt.Println ("OK, here goes...")
    http.HandleFunc ("/", func (w http.ResponseWriter, r *http.Request) {
        fmt.Fprintf (w, page)
    })
    http.ListenAndServe (":8080", nil)
}
```

假设笔者有一个简单的单文件 Go 程序，如清单 9.1 所示。它所做的只是将固定的 HTML 块写入任意 HTTP 请求的响应。实际上，利用 Go 编写这类简单"杂乱"的程序还是很容易的。没有框架，也不需要选择 HTTP 库，只需从标准库中导入 HTTP 库即可。

每个构建包都可以识别给定软件使用的编程语言。在使用 Go 语言的情况下，用户构建包将遵循约定：main 包中的 main() 函数是程序的启动入口，然后构建包会完成剩下的工作，将其变成一个高效、可重复的容器。清单 9.2 展示了一个包的构建过程。

清单 9.2 打包

```
$ pack build eg --path ./

tiny: Pulling from paketo-buildpacks/builder
f83c9afda5ef: Already exists
b839abbd6cba: Already exists
96914eecdef7: Already exists
14b23dd2b80a: Already exists
4e4e7b1ce15e: Pull complete
849c3a63fdbf: Pull complete
4c2d02b49fab: Pull complete
001fccc4ad38: Pull complete
ea92060a149b: Pull complete
1d8713b8430e: Pull complete
0c33a3ac2707: Pull complete
7c29e2eef350: Pull complete
5e64e68d5e00: Pull complete
7bec636aa549: Pull complete
f3452e1989b0: Pull complete
3e71995b619f: Pull complete
```

这里的 pack 命令使用 Docker 来运行一个构建器镜像，镜像中包含构建包和运行这些构建包所需要的所有材料。之后 Docker 获取 paketo-buildpacks/builder 来完成剩余的工作。Docker 的输出是通过 pack 命令进行管道传输的。

运行构建包工具的第一步是通过检测确定准备使用哪个
buildpack。每个 buildpack 都会检查源代码并确定是否可以
对该源代码进行构建。在本示例中，paketo-buildpacks/
go-dist 和 paketo-buildpacks/go-build 构建包工具返回了
肯定的答复。

```
07cdcccb0c6c: Pull complete
7fc970a75c69: Pull complete
89732bc75041: Pull complete
Digest: sha256:da8da3bcce3919534ef46ac75704a9dc
    618a05bfc624874558f719706ab7abb1
Status: Downloaded newer image for gcr.io/paketo-buildpacks/builder:tiny
tiny-cnb: Pulling from paketobuildpacks/run
Digest: sha256:53262af8c65ac823aecc0200894d37f0
    c3d84df07168fdb8389f6aefbc33a6d7
Status: Image is up to date for paketobuildpacks/run:tiny-cnb


===> DETECTING
paketo-buildpacks/go-dist  0.0.193
paketo-buildpacks/go-build 0.0.15
```

检查是否有之前的构建输出可以复用。因为笔者之前在这台机
器上用过 pack，所以有/go-dist 和/go-build 创建的公共层。

```
===> ANALYZING
Previous image with name "index.docker.io/library/eg:latest" not found
Restoring metadata for "paketo-buildpacks/go-dist:go" from cache
Restoring metadata for "paketo-buildpacks/go-build:gocache" from cache
```

如果确定存在先前构建的层，即不需要重建，则恢复步
骤会选择这些层，以用于构建其余部分。

```
===> RESTORING
Restoring data for "paketo-buildpacks/go-dist:go" from cache
Restoring data for "paketo-buildpacks/go-build:gocache" from cache
```

构建步骤最接近于你自己做的事情，无论是手动构建，还是在 Dockerfile 中构建。
在该步骤中，会选择一种语言或编译器版本运行构建命令，并计算出构建可执行文
件所要运行的命令。这里的输出因语言生态系统而异。例如，如果你使用 Maven 管
理 Java 项目，那么通常会有大量关于获取依赖项和运行构建的输出。它还需要创
建一个相当详细的命令来有效地配置 JVM，以有效地使用容器环境。

```
===> BUILDING
Go Distribution Buildpack 0.0.193
  Resolving Go version
    Candidate version sources (in priority order):
      <unknown> -> ""

    Selected Go version (using <unknown>): 1.14.6

  Reusing cached layer /layers/paketo-buildpacks_go-dist/go
```

```
Go Build Buildpack 0.0.15
  Executing build process
    Running 'go build -o
    ↪ /layers/paketo-buildpacks_go-build/targets/bin -buildmode pie .'
    Completed in 1.18s

  Assigning launch processes
    web: /layers/paketo-buildpacks_go-build/targets/bin/workspace

===> EXPORTING
Adding layer 'launcher'
Adding layer 'paketo-buildpacks/go-build:targets'
Adding 1/1 app layer (s)
Adding layer 'config'
*** Images (9d6e49ea8c1b):
      index.docker.io/library/eg:latest
Reusing cache layer 'paketo-buildpacks/go-dist:go'
Adding cache layer 'paketo-buildpacks/go-build:gocache'
Successfully built image eg
```

> 构建完成后，导出步骤会将所有恢复的层构建的新层和更新层收集在一起，并将它们组装到最终的容器镜像中。

默认情况下，pack提供了相当丰富的过程提示。当使用Docker daemon命令时，它会将Docker产生的输出展示出来[1]。根据它的过程提示笔者在清单9.2中指出了一些关键步骤。清单9.2的运行结果是产生一个可以运行的容器镜像。

你可以使用本地 Docker 守护进程来运行容器镜像，例如 docker run -p 8080:8080。这是因为在该过程结束时，镜像已添加到 Docker 的本地镜像缓存中。但这对 Knative 来说是远远不够的，因为其他地方也依赖镜像仓库来存储和提供容器镜像。

不过，这是可以解决的，使用--publish 选项即可。顾名思义，pack 会将构建的容器镜像发布到镜像仓库。在发布之后，你就可以使用 kn 来运行容器镜像了，如清单 9.3 所示。

1　笔者在这里描述云原生的构建包似乎有些奇怪，因为"它不是 Docker！"是一个主要的营销点，同时表示 CLI 工具正在使用 Docker 守护进程来完成它的工作。这里理解的要点是，运行构建包并不一定需要 Docker 的守护进程，但在本地开发时，如果这可用，那么很方便（一些公司禁止在工作站上使用 Docker）。然而，在集群上构建时，构建包可以在不需要访问 Docker 守护程序或其他容器运行时的情况下执行。这是一个巨大的安全胜利。

清单 9.3 构建、运行并查看示例程序

```
$ docker login --username <your username>
Password: <your password>
Login Succeeded

$ pack build <your username>/knative-example -path ./ --publish
# 省略构建时的输出信息
Successfully built image <username username>/knative-example

$ kn service create knative-buildpacked \
  --image <your username>/knative-example
Creating service 'knative-buildpacked' in namespace 'default':

# 省略创建服务时的输出信息

Service 'knative-buildpacked' created to
  ➥ latest revision 'knative-buildpacked-rfplb-1' is available at URL:
http://knative-buildpacked.default.example.com
```

单击 URL 后，我们会看到轻松愉快的问候语。为了证明笔者没有骗你，试着编辑它，并再次运行这个循环。

推荐几个有用的工具

有一些面向开发人员的工具甚至可以仅用一行命令就搞定。笔者所知道的部分工具如下：

- ko，它采用 Kubernetes YAML 模板和 Go 语言项目，处理渲染 YAML、构建镜像、将镜像放入存储库的所有步骤，并应用 YAML。ko 最好的特性之一是它编写的 YAML 中的镜像是解析之后的含有摘要的镜像引用。

- kbld 类似于 ko，但不是专门用于 Go 语言的。相反，它可以使用 Dockerfiles 或云原生构建包来执行它的构建步骤。与 ko 一样，kbld 构建的镜像也是解析之后含有摘要的镜像引用。

- Tilt 和 Skaffold 是两个旨在为开发基于容器的应用程序提供完整环境的工具。ko 或 kbld 能做的事情，Tilt 也能做，并且能做得更多。例如，它们都支持实时更新功能，因此在迭代代码时不必运行任何命令。另外，Skaffold 把支持云原生构建包作为重要的功能。

云原生构建包的真正魅力不在于首次的运行体验，而在于长期收益。部分原因是出于安全

考虑——使用标准的镜像打包方式可以更轻松地审核容器内运行的内容。

同时，CNB 提高了构建和运行的性能。对于构建，CNB 可以仅替换需要替换的镜像层，无须重建其他所有内容。Dockerfiles 没有这个属性，更改任何镜像层都会使随后的所有镜像层无效。这在更新上游图像时表现得最为明显。如果有 100 个以 FROM nodejs 开头的镜像，则开发者将会担心该镜像的每个版本的更新，因为它会强制进行 100 次重建……如果确实有办法告诉其他人需要运行 100 次重建。但是，云原生构建包可以简单地将已有的容器镜像 "rebase" 到新的基础层上。你无须重建，在几秒内就可以完成更新。

云原生构建包在运行时更快。不同的镜像具有相同的共享层，并且容器运行时足够智能，可以利用这一点来更有效地缓存相同的共享层。使用构建包意味着镜像更相似，即具有更多完全相同的层。虽然有 50 种不同的 Ubuntu 变体，但是你只需要一个。除此之外，缓存镜像将更加方便，占用网络流量和磁盘空间也更少。

9.2 将软件带到它运行的地方

现在，笔者假设你已经构建了镜像并进行了推送。它是如何进入正在运行的修订版本的？一种方法是使用 kn。这适用于开发环境，但不适用于生产环境。笔者现在想要的是一种从 "我有一个新容器镜像" 到 "它正在逐步升级" 的方法。下面通过一个简单的例子来展示。

笔者将使用 Concourse（自称为 "Continuous Thing-Doer"），原因很简单，因为它很棒，而且与其他选择相比，笔者更喜欢它。有些人更喜欢 Spinnaker、Tekton，以及对 "Argo" 这个名字有某种共同监护权的数千个项目，或者强行使用 Jenkins 等。笔者概述的内容比较广泛，并且适用于其中的任何一个。

笔者可以使用 kn 和第 4 章中介绍的各种命令来完成所有这些工作。但是，本章笔者将演示如何使用 YAML 执行大部分 CI/CD 操作，因为如果不这样的话，笔者将不会被邀请进行会议演讲。

现在，笔者来到了选择的岔路口。笔者在本书中的目标是尽可能多地使用 kn。交互性是学习和游戏的乐趣，但也是有代价的。通过 kn 所做的每个更改在某种意义上都已丢失了。你运行命令，但如果没有工作经验或是额外的检查来审查每个命令，那么你的期望状态和 Knative 理解的期望状态之间可能会出现偏差。例如，你可能与其他同事在同一服务上使用 kn。或者，更简单地说，你昨天使用了 kn，但忘记了当时所做的更改。今天，你将带着错误的期望继续操作。

解决交互性的错误方法是将定义期望状态的业务与向系统表达它的行为分开。这就是YAML 的优势所在。虽然可以使用 kn 进行开发工作，或者快速轻松地检查 Knative 系统，但对于生产工作，你应该使用直接提交 YAML 代码的工具。例如，可以根据需要编辑service-xxx.yaml，然后使用 kubectl apply，而不是使用 kn update service。对于在终端进行迭代的开发人员来说，这纯粹是开销。但是对于一个共同修改生产系统的团队来说，使用 YAML 可以让整体变得更理智，而这至关重要。

此处笔者将以能做的最简单的渐进式部署方案为例 [1]。假设笔者有一个具有两个流量标签的服务：current 和 latest。每次更改服务镜像时，笔者都会将其拉下来并编辑服务，以使用新镜像。这将触发新修订版本的创建。然后笔者再次修改服务，将 5% 的流量重定向到它，然后等一会儿，检查现版本是否能够正常工作。如果成功，则笔者将第三次编辑服务，使新修订版本成为当前修订版本。相关序列图见图 9.3。

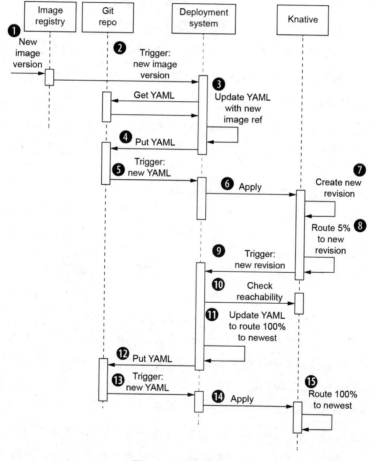

图 9.3　部署的流程

图 9.3 中有很多箭头，这是因为笔者展示了通过 Git 仓库推送的部分内容。在图 9.3 中：

1　因为笔者天生会产生这样的冲动，即在千篇一律的细节中把事情做好。

①将镜像的新版本上传到镜像仓库。

②部署系统检测新镜像版本的可用性。

③部署系统从 Git 仓库中获取服务的现有 YAML。它将镜像地址更改为指向镜像的最新版本。

④修改后的 YAML 被推送回 Git 仓库。

⑤推送回 repo 是一个新的提交，所以另一个部署系统会被触发来处理它。

⑥这是一项简单的工作：将 YAML 应用到集群（此处被称为 Knative）。

⑦Knative 发现配置已更改，这意味着它需要创建一个新的修订版本。

⑧它还看到 YAML 包含更新的流量，并将 5%的流量定向到最新的修订版本。

⑨Knative 在创建修订版本后，部署系统被再次唤醒。

⑩它检查新修订版本的直接可达性。

⑪如果可以访问新的修订版本，则 YAML 将再次更新。这一次最新版本被标记为当前版本，并设置为接收 100%的流量。latest 标记对应的流量字段（traffic）设置为 0%。之前的修订版本将被完全从流量块中删除。

⑫最新版本的 YAML 被推送回 repo，然后……

⑬触发……

⑭另一个应用操作。

⑮Knative 从新的 YAML 更新了它的路由，现在整个部署升级流程完全没有问题。

请注意，这是一个玩具示例

　　有一些注意事项：作为一个严谨、成熟的部署系统，笔者遗漏了很多东西。一方面，笔者没有定义任何类型的回滚，尽管你可以在可达性检查中想象一个回滚。另一方面，笔者直接跳过了将 5%的流量路由到最新版本这一步骤，而没有先检查可达性。系统不会在任何地方暂停以让最新的修订版本预热，笔者并没有检查错误，等等。

　　但这些都是乏味的问题。令人兴奋的问题是这种方法会导致"竞争条件"。如果快速连续推送两个镜像，则可能会有两个不同的流程混在一起。但实际上，Knative 服务是共享资源。如果在这个流程上胡乱操作，即把后面的镜像放在前面的镜像之前，则很可能会引发一些意想不到的错误。我们可以通过对服务进行加锁来解决此类问题，以便一次只处理一个镜像版本。

　　由于篇幅原因，此处笔者不会用 Concourse、Tekton、Argo、Jenkins 或 whathaveyou 详细介

绍此流程的完整示例，但笔者至少可以为你提供一个示例 repo。重点是为所需要的两个主要转换提供简短的脚本。首先，笔者需要一些东西来呈现 YAML 模板。其次，笔者需要一些可以检查可达性的东西。

如果你找不多三个处理 YAML 的工具，那么就可以放弃云原生从业者的身份了。最常见的方法是文本编辑器，它很容易开始，但通常也会很难处理，因为 YAML 有大量的空白。可以在一行中渲染 JSON，这在技术上是有效的 YAML，减去空格问题。但这看起来并不酷。

不太常见但更好的是将 YAML 作为一种编译目标的高阶工具。这类工具有很多，比如，Dhall、Pulumi 和 CUE，但笔者并没有使用过这些。

笔者自己用的是 ytt，因为它比较简单，笔者是一个不喜欢复杂的人 [1]。

注意　披露一下，笔者在撰写本书时，一直在为 VMware 工作。VMware 收购了 Pivotal 公司，Pivotal 公司赞助了 ytt、kapp 和 kbld 的开发。笔者选择这些并不是出于对企业的忠诚。选择 ytt，是因为相比 Helm 和 Kustomize，笔者更喜欢 ytt。笔者选择 kapp，是因为它重新创造并构想了我喜欢的 BOSH 的许多东西，这是一个至今仍默默无闻但很强大的工具。公平地说，笔者知道这些工具是因为这些工具最初是由与笔者有某种联系的人开发的。

清单 9.4 显示了笔者用来生成服务的模板。

清单 9.4　Knative 服务的一个 ytt 模板

```
#@ load ("@ytt:data", "data")
```
加载 ytt 的数据库。反过来，它也会在命令开始执行时搜索各种输入（命令行标志、环境变量或文件）以进行快照。一个关键的问题是，为了通过数据引用一个变量，它首先需要从文件中加载。笔者将在清单 9.5 中给出这样的一个文件示例。

```
#@ load ("@ytt:json", "json")
```
加载 JSON 库。

```
#@ resource = json.decode (data.read ("resource.json"))
---
apiVersion: serving.knative.dev/v1
kind: Service
metadata:
  name: knative-example-svc
spec:
```
加载一个文件（这里是 resource.json），代表笔者现有的服务。在笔者的 Concourse 管道中，此文件是通过执行 get 操作获取 Kubernetes 资源来创建的。你同样可以使用 kubectl get ksvc knative-example-svc -o json > resource.json 来实现类似的效果。json.decode() 可以将 JSON 文件转换为键值结构（又名字典或哈希）。

---

[1]　严格来说，ytt 指的是实际的命令行工具；它是基于一种被称为 Starlark 语言的受限 Python 方言开发的。通常对用户来说，这可能不是一个重要的区别，除非用户已经把 Starlark 用于其他目的。

```
template:
  spec:
    containers:
    - name: user-container
      image: #@ data.values.digested_image
traffic:
- tag: current
  revisionName: #@ resource['status']
⮕   ['latestReadyRevisionName']
```

更新镜像本身。正如笔者在第 3 章中所展示的,这将导致 Knative 服务模块产生新的修订版本。关键是笔者自己提供了完全解析的镜像引用。把它放在这里,可以保证期望部署的镜像就是将要部署的镜像。

从现有服务中提取 latestReadyRevision 值。在初次创建时,它将是发送到服务组中进行处理的服务的最后一个版本。更重要的是,它是实际有效的最新修订版本。笔者将其标记为当前。

```
  percent: #@ data.values.current_percent
- tag: latest
  latestRevision: true
  percent: #@ data.values.latest_percent
```

当前版本的百分比。

最新版本的百分比。

在清单 9.5 中,笔者提供了一些变量,ytt 会将这些变量注入模板中。实际上,笔者是想在命令行中设置所有内容。但想要这样做,就必须在文件中定义它们的存在。这似乎是一个愚蠢的问题,但笔者还没有深入研究为什么会这样。它至少提供了一种要求,即在 repo 的某处提供变量的声明形式。

清单 9.5 模板中的 values.yaml

```
#@data/values
---
digested_image: '[ERROR! Image missing!]'
```

告诉 ytt 以下哪些字段是必需的。这个告警实际上是由清单 9.4 中的 load("@ytt:data", "data")检测到的。

设置不可用的默认值来强制笔者覆盖这些变量。如果笔者不这样做,那么创建一个看起来能满足笔者需求的系统就太容易了,但是会忽略笔者正在设置的一些配置。自从笔者在代码库的某处设置了一些有用的默认值之后,持续数天的错误再也不出现了。有时候,相比无声的欺骗,令人讨厌的失败其实是更好的选择。

```
current_percent: -111
```

主题变一下。这里的百分比变量是数字,所以使用错误! 这里的消息并不理想。相反,笔者设置了不可能的值,笔者知道 Knative Serving 会拒绝这些值。笔者这里使用了−111 和−999,因为它们看起来是不同的,而且显然是不合适的。

```
latest_percent: -999
revision_name: '[ERROR! Revision name missing!]'
```

现在笔者有了 template.yaml values.yaml,接下来将使用 ytt 来进行渲染,见清单 9.6。

清单 9.6　使用 ytt 很容易

```
$ ytt \
  --file template.yaml \
  --file values.yaml \
  --file resource.json \
  --data-value-yaml
    ⮡ digested_image='registry.example.com/foo/bar
    ⮡ @sha256:ee5659123e3110d036d40e7c0fe43766a8f071
    ⮡ 68710aef35785665f80788c3b9' \
  --data-value-yaml current_percent=90 \
  --data-value-yaml latest_percent=10
```

使用--file 标志传入需要的文件：模板文件、值文件和资源文件（.json 表示笔者现有的服务是 JSON 格式）。

在这里，笔者使用--data-value-yaml 将单个值传递到 ytt。一个用于镜像引用，另一个用于流量百分比。

```
apiVersion: serving.knative.dev/v1
kind: Service
metadata:
  name: knative-example-svc
spec:
  template:
    spec:
      containers:
      - name: user-container
        image: registry.example.com/foo/bar
          ⮡ @sha256:ee5659123e3110d036d40e7c0fe43766a8f071
          ⮡ 68710aef35785665f80788c3b9
  traffic:
  - tag: current
    revisionName: knative-example-svc-q6ct6
    percent: 90
  - tag: latest
    latestRevision: true
    percent: 10
```

在默认情况下，ytt 将渲染的 YAML 输出到标准输出（STDOUT）。这样做是为了让你可以查看结果，但是对于下一步，你需要将输出通过管道传输到一个文件中，类似于 ytt ... > service.yaml。

在清单 9.6 中，ytt 的一个设计原则是，在通过它做任何事情之前，应先给它所需的一切。这不能涉及文件访问、网络访问和时钟。你不能添加任何可能使模板不确定的内容。当然，这可能看起来像样板，尤其是当你开始使用包含许多文件的目录时。在这种情况下，你可以像笔者一样使用--file 切换到目录路径而不是文件路径。

在适当的 CI/CD 情况下，下一步是将更改提交到存储库。这会随着时间的推移建立一个意图日志，正如在第 3 章所讨论的那样。如果遵循多存储库原则，那么应将它们放入一个单独的、特殊用途的存储库中。

清单 9.7 显示了在提交 CI 任务时使用的命令。它比在本地工作站所做的更复杂、更冗长。像出庭律师一样，笔者要求执行 git "这条记录"的相关信息呈现出来——在这种情况下收集日志，以便将来更容易地修复错误或了解历史。

清单 9.7　commit 记录

```
$ git add service.yaml                    假设笔者在上一步中运行了 ytt ... > service .yaml。
$ git status --verbose                    在这里笔者需要一个详细的状态。但是 git status 本身仅显示以下第一部
                                          分的信息 (在哪个分支，代码是否是最新的，以及哪些文件将会被提交)。
On branch master
Your branch is up to date with 'origin/master'.

Changes to be committed:
  (use "git restore --staged <file>..." to unstage)
    modified:   service.yaml

diff --git a/services/rendered/service.yaml    通过使用--verbose 参数，笔者还可
  ➥ b/services/rendered/service.yaml          以了解暂存更改的差异。笔者可以通
index 040a075..c94aee9 100755                  过使用 git diff --cached 来实现类似
--- a/services/rendered/service.yaml           的东西，但对于未来的开发人员来说，
+++ b/services/rendered/service.yaml           它可能看起来太神奇了。git status
@@ -9,10 +9,10 @@ spec:                        --verbose 为笔者提供了想要的一
    spec:                                      切，尤其是看到前后对比时。
      containers:
      - name: user-container
-       image: registry.example.com/foo/bar
            ➥ @sha256:ee5659123e3110d036d40e7c0fe43766a8f0716871
            ➥ 0aef35785665f80788c3b9
+       image: registry.example.com/foo/bar
            ➥ @sha256:43e8511d2435ed04e4334137822030a909f5cd1d37
            ➥ 044c07ef30d7ef17af4e76
    traffic:
    - tag: current
-     revisionName: knative-example-svc-2415l
-     percent: 100
```

```
+     revisionName: knative-example-svc-n9rfd
+     percent: 90
  - tag: latest
    latestRevision: true
-     percent: 0
+     percent: 10
```

```
$ git commit -m "Update rendered service YAML." \
          -m "This commit is made automatically."
```

使用–m 参数可以更好地组织提交信息。

```
[master 606a816] Update rendered service YAML.
 1 file changed, 2 insertions (+), 2 deletions (-)
```

```
$ git --no-pager log -1
```

这个命令会像笔者在日志中看到的那样分隔提交信息，而不会出现文字排版错乱的问题。CI/CD 系统因其运行时环境的–y 反应不同而不同，因此使用–no–pager 标志来强制解决问题会很有帮助。

```
commit 606a8168e12356789ee016843dbcabcf24c79127 (HEAD -> master)
Author: Jacques Chester <jchester@example.com>
Date:   Thu Aug 20 18:57:32 2020 +0000

    Update rendered service YAML.

    This commit is made automatically.
```

当你使用 `git status --verbose` 时，打印出的信息会重复 Git 仓库本身，但前提是执行 `git push` 到代码仓库成功。有时它可能会失败或出错，而且我们很难知道究竟发生了什么。至今没有人对此做出过尝试性的变更。

在清单 9.7 的末尾，笔者有一个可以推送到代码仓库的提交。在示例 Concourse 流水线中，笔者使用 `git-resource` 来执行此操作，但也可以使用脚本或任何其他有意义的系统。笔者的目标是记录自己的意图，在这种情况下需要两步：

- 将当前的精确容器镜像更改为不同的精确容器镜像。
- 拆分流量，仅使 10%的流量流向最新版本。

你将 YAML 推送到 Git 代码仓库后，下一步是对其进行处理。接下来会发生什么，不同平台的处理方式不同。一些供应商推出在每个集群内执行 `git pull` 的工具，然后转向 API Server 来应用任何被拉取的内容。另一些供应商推出在集群外执行 `git pull` 的工具，然后这些工具会转向 API Server 来应用所提取的任何内容。

导致这种区别的原因有很多，可能是因为"基于推送的 GitOps 与基于拉取的 GitOps"，对于相关人员来说，与他们的本职工作有关。而对于笔者来说，笔者喜欢外部推送的方法。它允许使用单个工具，如 Concourse、Tekton、Jenkins 或其他任何工具来满足所有"按某种顺序发生的事情"的需求。更重要的是，它不依赖于目标集群的稳定性。集群内的 GitOps 在集群发生故障时将会变得更糟——如果事情变糟，就需要从集群外操作。但是，如果你打算从集群外操作，为什么不一开始就从集群外操作呢？

这里主要的反对意见是关于扩展性和安全性。对于扩展性而言，从 Git 拉取到多个集群比从单个系统推送到多个集群更具可扩展性。实际上，笔者不完全反对这种方法，但前者很容易达到 GitHub 或者 GitLab 的流量上限。这种情况可以通过从集群外推送的方式轻松解决。再说一次，我们需要这样的能力，即如果你提出一处更改，那么这个更改会被推送到所有集群上。那么为什么我们不现在就准备好呢？

另外一个问题就是安全性——中央系统需要更多权限来处理非常多的事情。同样，笔者是部分同意这个观点的，但对于每个集群级别来说，这也是很烦琐的。Kubernetes 确实允许对其 RBAC 内容进行一些细粒度的权限控制，但在实践中，许多人为了方便，到处使用 cluster-admin（提示：最好不要直接使用这个角色）。无论如何，我们都需要将登录凭证视为敏感材料；无论如何，我们都需要管理密钥敏感材料，所以为什么我们不现在就准备好呢？

无论如何，笔者都将演示"推送"的方法。从广义上讲，这意味着将使用 kubectl apply。如果你怀疑笔者是否会使用 kn，答案是不。或者更准确地说，笔者不会直接提交更改。首先，使用 YAML 是 kubectl 的职责；kn 只是用于交互式使用。其次，kn 会对服务进行一些额外的控制。特别是，它会自己控制修订版本的名称，而不是让 Knative 服务模块自动选择一个修订版本的名称。事实证明，使用基于 YAML 的方法效果并不佳。鱼和熊掌不可兼得。

这在 CI/CD 领域就很好。不需要做任何互动。如果更改是自动化且可重复的，那么精确控制设置将非常便利。理论上，它可以让 CI/CD 流水线负责设置修订版本的名称。许多地方都提议将该功能设置为必要的特性。在这里本书不演示该功能。

现在笔者将提交 YAML，然后查看清单 9.8 中的内容。在清单 9.8 中，有意思的部分是笔者通过区分它们的摘要，将流量分为两个修订版本。

清单 9.8　应用 YAML

```
$ kubectl apply -f service.yaml
service.serving.knative.dev/knative-example-svc configured

$ kn service describe knative-example-svc
Name:          knative-example-svc
```

```
Namespace:      default
Annotations:    example.com/container-image=registry.example.com/foo/bar
Age:            1d
URL:            http://knative-example-svc.default.example.com
```

当前标签会接收 90% 的流量。这是之前的修订版本，笔者知道的已经在稳定运行的修订版本。

```
Revisions:
  90%   knative-example-svc-8tn52 #current [7] （4m）
        Image:  registry.example.com/foo/bar      ←────── 这是当前的完整镜像定义。
        ⮕ @sha256:e1bee530d8d8cf196bdb8064773324b2
        ⮕ 435c46598cd21d043c96f15b77b16cb3 （at e1bee5）

  10%   @latest （knative-example-svc-vlsw6）      将 @latest 设置为 10%。那是流量流向。
        ⮕ #latest [8] （4m）
        Image:  registry.example.com/foo/bar      ←────── 最新的修订版本。
        ⮕ @sha256:c9951f62a5f8480b727aa66815ddb572
        ⮕ 34c6f077613a6f01cad3c775238893b0 （at c9951f）
```

```
Conditions:
  OK TYPE                  AGE REASON
  ++ Ready                 2m
  ++ ConfigurationsReady   4m
  ++ RoutesReady           2m
```

在金丝雀部署或渐进式部署中，开发者会监控返回给最终用户的错误率。如果新版本不适合最终用户，则发布毫无意义。而且开发者可能会监控性能，看看是否会出现非预期的指标恶化。

为了节省篇幅，笔者只进行了可达性测试。在笔者自己的工作站上，笔者喜欢使用 HTTPie 中的 http 命令，但出于 CI/CD 的目的，curl 更传统且应用广泛，因此在清单 9.9 中使用 curl。

清单 9.9　访问示例

```
$ curl \
  --verbose \
  --fail \ http://latest-knative-example-svc.default.example.com

Begin
* Rebuilt URL to: http://latest-knative-example-svc.default.example.com/
*   Trying 198.51.100.99...
* Connected to latest-knative-example-svc.default.example.com
```

```
➥（198.51.100.99）port 80 （#0）

> GET / HTTP/1.1
> Host: latest-knative-example-svc.default.example.com
> User-Agent: curl/7.47.0 > Accept: */*
>
< HTTP/1.1 200 OK
< content-length: 159
< content-type: text/html; charset=utf-8
< date: Fri, 21 Aug 2020 21:54:46 GMT
< x-envoy-upstream-service-time: 3291 < server: envoy
<

<!DOCTYPE html>
<html>
<head>
  <title>Hello, Knative!</title>
</head>
<body>
    <h1>Hello, Knative!</h1>
    <p>See? We made it to the end!</p>
</body>
</html>
* Connection #0 to host latest-knative-example-svc.default.example.com
  ➥ left intact
```

　　笔者是怎么知道 URL 的呢？实际上是通过和 Knative 之间的约定知道的。在第 4 章中，笔者提到过，Knative Serving 会为标签创建可路由名称。我们知道，@latest 中的任何内容都可以在 latest-xxx-xxx 中访问。

　　curl 默认不会输出太多内容，所以需要使用--verbose 来展示更多的信息。与 git status --verbose 一样，可以在日志中留下一些历史线索，这些线索在以后可能很重要。--fail 标志告诉 curl，如果它收到 HTTP 4xx 或 5xx 的错误代码，那么应该以非零退出代码。在 CI/CD 系统中，不使用--fail 是一个非常容易出现的失误。如果目标无法访问，那么开发者会希望任务停止，但 curl 认为除非显式指定，否则它不会对 HTTP 错误码进行判断。

　　在 CI/CD 系统中，开发者会经历编辑-YAML、提交-YAML、推送-YAML、拉取-YAML、应用-YAML 的循环。如果笔者使用与以前相同的命令，则会自动将最新版本升级为当前版本。

笔者可以将流量百分比设置为 100%。这样笔者就完成了完整的发布！

按流量百分比部署不同于按实例部署

　　重申一下，修订版本和服务提供了一个工具包，用于按流量而非实例路由到不同版本。笔者在描述中没有在任何地方说明"当前 20 个实例，最新 2 个实例"这样的内容。相反，笔者会告诉 Knative 发送流量百分比，之后自动缩放器负责提供正确数量的实例。任何给定的请求都有一定的概率被路由到一个服务或另一个服务。如果基于实例路由，则概率至少取决于两个因素：实例的比率和实例的相对性能。

　　按百分比拆分流量有两大好处。首先是粒度。如果在当前标签后面有三个实例，在最新标签后面有两个实例，那么在随机选择中，将有 60% 的机会选中一组，而另一组被选中的机会为 40%。但是，如果笔者想在不冒太多流量风险的情况下试用新版本应该怎么办？在所有条件都相同的情况下，很难将最新版本的流量降至 33% 以下。如果只有 100 个实例，则完全没有问题，但很多时候，实例的数量会远远不到 100 个。

　　这就引入了按百分比拆分流量的第二个优势：它控制了不同修订版本扩容的比例。如果当前版本和最新版本的比例是 3：2，而最新版本正在努力扩容，那么此时是无法干预的。但是，如果拆分是按流量进行的，那么至少可以利用自动缩放器的水平缩放能力来控制。

　　笔者希望你考虑的一个想法是，这些关键功能（自动缩放和百分比路由）的组合就像是可变性的处理器。如果实例是固定的，则最终用户会看到软件性能的变化。如果允许自动缩放器工作，那么它会将可变性的处理从用户推送给 Kubernetes 集群，而 Kubernetes 集群更容易处理这种可变性。

9.3　了解软件是如何运行的

　　现在笔者有一个正在运行的软件，但是这个软件在做的事情和预期的一样吗？

　　这其实是监控或可观测性（或者供应商随便怎么称呼）的问题。是的，在 Twitter 上，针对两者的讨论喋喋不休。对此笔者将交替使用这些术语，以便弱化对二者区别的讨论。首先，什么是监控？

　　监控就像消防部门，可能不经常需要，但是关键时候确实非常需要。

　　在这一点上，人们了解到（1）首先如果你没有救火所需的东西；（2）那么当火着起来后，你很难迅速得到救火所需的东西。各个文明、各个民族，仅仅用了几百年的时间，就厘清了整个消防事业；软件行业是比较幸运的，我们勇敢的开发人员已经将它缩短到大约 50 年（上下浮动一个世纪）。

换句话说：也就是可检查性、可探测性、可监控性、可观测性、可观察性等能力作为系统设计的一部分。建议产品经理和技术主管读一读相关的图书，在这方面有很多优秀的图书，比如笔者非常喜欢的《监控运维实践：原则与策略》（*Practical Monitoring*）和《SRE: Google 运维解密》（*Site Reliability Engineering*）这两本书。

目前主流的说法是"可观察性的三大支柱"：日志、指标和追踪。笔者觉得这是广大平台厂商为了营销发明的术语，而不是由基本物理定律产生的结论。但这也是大多数工具如何适应市场，以及大多数人如何学会思考事物的方式。日志和指标是最古老的；追踪只是在需要时才真正出现。

Knative 中的日志、指标和追踪实际上就是 Kubernetes 的日志、指标和追踪。Knative 并不为这些机制提供任何的特定，但它会尽力提供符合标准的数据。比如，Knative 自己的组件会创建日志、收集指标并检查追踪。但是这些日志、指标和追踪并不会保存在 Knative 系统中，而是需要额外建立基础设施。

这个问题就交给将 Knative 打造成某种商业产品的平台提供商了。这是因为平台提供商倾向于在他们的产品中包含某种监控工具，因此他们添加了适配器，以将内容传输到他们的工具中。希望你的平台工程师已经安装并配置了某种监控工具。很可能他们有自己的可观测性工具，但请确定他们也为开发者提供了可观察性工具。

这里有一点值得注意：Knative 自身的系统组件会发布各种可观测性信息，这些信息可以被放入各种工具和系统中。但是 Knative 无法在你的软件中产生可观测性信息。为了深入洞察，你仍然需要在软件中编写日志、产生指标并设置追踪。系统需要提供相关的工具来展示用户软件的可观测性数据。当然，首页加载速度可能很快，但是保险申请需要多长时间才能触发确认电子邮件？零售店缺货后多长时间仓库订单才会发出？

尽管如此，Knative 自动收集的信息也是很重要的，所以笔者将做一个简要的概览，并使用一些通用的工具（Kibana、Grafana 和 Zipkin），因为这些工具很容易设置。笔者并不是特意支持某些工具，只是偶然用到了而已。

9.3.1 日志

首先，请你查看 Kibana 中的日志（见图 9.4）。这是 Kibana 最通用、最简单的视图，查看 Discover 页面。

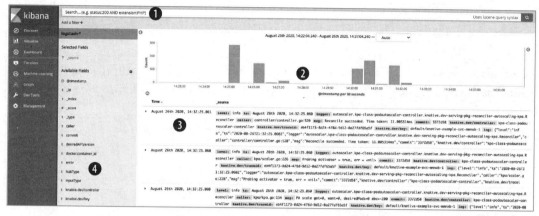

图 9.4　默认的 Kibana Discover 页面

①可以在此处输入搜索查询。语法很简单，就是 `variable: value`（变量:值）的组合。当变量和值都为空白时，表示搜索并查看所有内容。

②图中的直方图显示了每个时间段中收到的日志条目数。当缩小搜索范围时，这个图很有用。

③每个日志条目的详细视图。Knative 以常见的 JSON 格式记录内容，这使得日志系统可以轻松解析和提取字段。可以在此处看到结果，即 Kibana 以粗体标记字段名称。

④你可能会问有哪些字段名称，可以在这里查看 Kibana 搜集到的所有字段名称。

当然，并不是只有概览内容。你通过单击字段或特定日志条目，可以展开详情。许多工具会显示这样的界面，为了节省时间此处就不一一展示了。

接下来详细介绍 Knative 记录的日志。正如之前所提到的，Knative 会保留其自身活动的可靠日志。它记录了流入和流出修订版本的相关日志。最重要的是，每个日志都有额外的数据和上下文。例如，它添加了一个提交字段，用于标识正在使用的 Knative 的版本。

表 9.1 列出了 Knative 提供的一些可用的日志记录字段，我们可以使用这些字段进行相关搜索，并非所有字段在日志中都是可用的。

表 9.1　一些可用的日志记录字段

字　段　名	含　义
knative.dev/key	服务或修订版本的命名空间和名称。例如，如果 `oo-example-svc` 服务在 `bar-example-ns` 命名空间中，则 `knative.dev/key` 将是 `bar-example-ns/foo- example-svc`。在调试时，这些信息是非常重要的

续表

字 段 名	含 义
knative.dev/name and knative.dev/namespace	看起来似乎与 `knative.dev/key` 的内容重复。主要区别在于这些字段是由 Knative 组件在自身发出日志时设置的。如果日志是关于服务或修订版本的，则会使用`/key`
knative.dev/traceid	顾名思义，这是 Knative 记录追踪的 ID。它主要用于像 Zipkin 这样的追踪系统。但是为了精确搜索到"特定的一个请求"，也可以用来缩小日志搜索范围
knative.dev/kind and knative.dev/resource	服务或修订版本的相关信息。笔者更喜欢`/kind`,但`/resource`似乎使用更广泛
knative.dev/operation	这来自 `webhook` 组件，充当其准入控制角色。允许的值为 `CREATE`、`UPDATE`、`DELETE` 和 `CONNECT`。这对于诊断权限错误来说十分重要。可以通过该字段筛选相关审计日志
knative.dev/controller	通过该字段可以在日志中标识各个协调器。这个名字看起来很让人困惑，但请记住笔者在第 2 章中所说的：控制器是一个进程，协调器是逻辑进程（例如，路由控制器或 `kpa-class-podautoscaler-控制器`）

如果你启用了请求日志记录，则可以在 `httpRequest.*`字段下查看其他字段，比如 `latency`、`protocol`、`referer`、`remoteIp`、`requestMethod`、`requestSize`、`request-Url`、`responseSize`、`serverIp`、`status` 和 `userAgent`。Knative 还会打印它在传入请求中看到的所有 `X-B3-Traceid` 标头。

9.3.2 指标

Knative 为指标收集提供了很多工具，如果想将所有的指标都收集到某处，则仍有很多工作要做。和之前描述的一样，数据分为两大类：关于 Knative 本身的指标和关于在 Knative 上运行的服务的指标。这两类指标可以帮助我们确定瓶颈是在 Knative 中还是在运行的服务中。

许多人使用 Grafana 来绘制随时间变化的指标值。有负载的情况下修订版本的 HTTP 请求收集的指标如图 9.5 所示。协调器在相同负载测试期间的行为如图 9.6 所示。

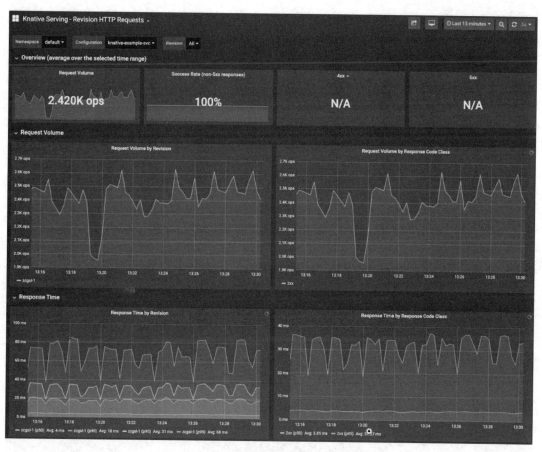

图 9.5　修订版本的 HTTP 请求收集的指标

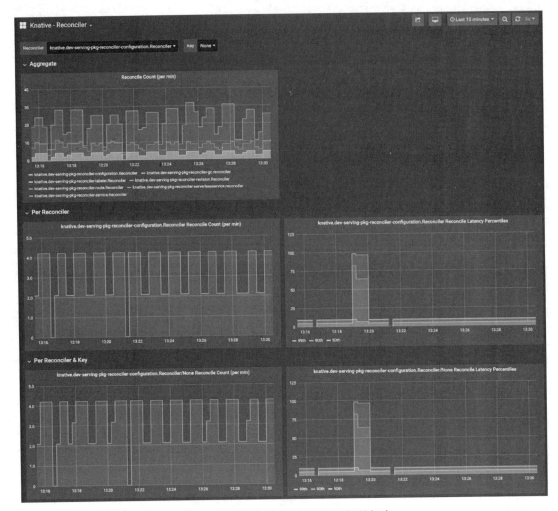

图 9.6 协调器在相同负载测试期间的行为

与日志记录一样，指标是通过附加标签收集的，我们可以通过标签标识它们的含义。当我们谈论"每秒 100 个请求"时，问题是 100 个请求是什么？这些请求是针对整个集群、针对一个修订版本，还是针对一个修订版本的一个实例的？你可以根据需要按照添加到指标的标签来展开或汇总数据。

表 9.2 展示了可用于对指标值进行分组的指标标签。表 9.3、表 9.4 和表 9.5 展示了默认收集的各种指标。

表 9.2　指标标签

标　签　名	含　义
project_id,location, and cluster_name	从底层云提供商提取的标识符。例如，在 GCP 上，project_id 表示项目 ID。同样，location 表示可用区。cluster_name 表示 Knative 运行的集群名。现在这些在 GKE 上得到了最好的支持，希望其他平台厂商也能支持起来
namespace_name	主题所在的命名空间。如果使用命名空间来划分集群，则该字段必不可少
container_name	Knative Serving 通常将容器命名为 user-container，将 Queue-Proxy 命名为 queue-proxy。可以使用该字段区别每个容器的指标
pod_name	修订版本实例的底层 Kubernetes Pod。因为自动缩放，pod_name 的值一直在变。Pod 经常进行扩容或缩容。这对实时调查很有用，但对查看历史数据没有帮助
service_name, configuration_name, and revision_name	这些字段键由 Knative Serving 设置，它们是用来划分指标的最有用的字段键，因为在大多数情况下，服务和修订版本与某种潜在的用户问题相关
response_code	Serving 设置了该字段，字面意思是 HTTP 响应代码，用于搜索指定状态代码的日志
response_code_class	Serving 将此设置为 1xx（信息性）、2xx（成功）、3xx（重定向）、4xx（客户端错误）或 5xx（服务器错误）之一。这样的分组有助于查看当前请求是否正常。在出现问题时，用户对于是 501 还是 503 错误并不感兴趣。在快速检查错误时，你也应该忽略二者的区别
response_error	错误标签，而不是状态代码，主要用于快速观察。正常情况下是不会出现的（例如 200）
response_timeout	此布尔值用来标识请求是否超时
trigger_name 和 broker_name	事件模块通过该字段区分不同触发器和事件代理的指标。这对于查看特定组件的行为非常有帮助
event_type 和 event_source	事件模块也设置了该字段。它们对于查看事件类型或事件源对整个系统的影响很有帮助。还可以将它们与 broker_name 或 trigger_name 结合起来使用，可以更方便地了解事件类型或事件源是如何影响特定流程的

表 9.3　请求指标

指　标　名	含　义
request_count	队列代理（Queue-proxy）看到的请求数
app_request_count	应用进程看到的请求数。这个数字通常由于排队原因，落后于 request_count
request_latencies	队列代理所看到的请求—响应延迟分布

指 标 名	含 义
app_request_latencies	应用进程的请求—响应延迟分布。与 request_latencies 类似
queue_depth	有多少请求在队列代理中等待处理。这是联系 request_count 和 app_request_count 两者关系的数字。至于两者是如何联系在一起的,具体请参见第 5 章

表 9.4　Knative 服务模块指标

指 标 名	含 义
request_concurrency	触发器看到的并发请求数。这个数字在实时调查中很有用,但是不要根据该指标设置告警。你应该还记得第 5 章中的内容,触发器有时在数据路径上,有时在数据路径外,因此该指标可能会大幅波动,并不会反映真实的请求变化
request_count	触发器看到的请求计数。可以用于设置触发器的告警
request_latencies	触发器看到的请求延迟分布。不要与在同名修订版本上收集的指标混淆(可以通过检查该指标是否具有修订版本标签来区分)。该分布类似于为队列代理和业务软件收集的 request_latencies 和 app_request_ latencies,可以用于设置触发器的告警
panic_mode	自动缩放器是否处于恐慌模式:0 表示稳定模式,1 表示恐慌模式
stable_request_concurrency 或者 stable_request_per_second	自动缩放器在稳定窗口内每秒的并发请求数或请求数。前者是用于决策的默认指标,但后者也可以使用(见第 5 章)
panic_request_concurrency 或者 panic_requests_per_second	自动缩放器在恐慌窗口中每秒的并发请求数或请求数
target_concurrency_per_pod 或者 target_requests_per_second	自动缩放器的目标并发或 RPS 级别
excess_burst_capacity	超额突发容量的当前计算值(参见第 5 章)
desired_pods	当前计算出的自动缩放器认为应该运行的修订版本的实例数,基于服务的配置和指标。可以将其与收集的有关请求延迟、并发性等指标进行比较,来查看自动缩放器是否正常运行
requested_pods, actual_pods, not_ready_pods, pending_pods, and terminating_pods	自动缩放器从 Kubernetes 收集过来用于其决策过程的数据。这些对于诊断 Kubernetes 集群本身的问题很有用。比如,如果看到 pending_pods 快速上升,或者 terminating_pods 没有下降,则说明系统有些异常,需要进一步检查

表 9.5　Knative 事件模块指标

指 标 名	含 义
event_count	这是触发器和事件代理产生的。这是处理的事件计数。不要过度依赖该指标，因为如果重新启动或重新创建触发器和事件代理，则该数据会重置为零
event_dispatch_latencies	这是触发器和事件代理产生的。在触发器上，会测量将事件分发到接收器所花费的时间。如果该数据开始上升，请检查消息管道。在事件代理上，会测量分发到管道所花费的时间。如果该数据上升，请检查具体的管道实现
event_processing_latencies	只有事件代理会产生该数据。这反映了事件代理本身处理所花费的时间。如果该值上升，则说明事件代理处于重负荷状态

Serverless 还是 memoryless?

Knative，尤其是 Knative 服务模块，它的生命周期非常短暂。修订版本实例的生死由自动缩放器决定，在系统没有请求时，Knative 会将系统的实例缩容到零。

这意味着，如果不设置日志记录、指标或追踪等，那么当问题发生时，你很可能会无从下手。

一个容易出现"问题"的地方是 Prometheus 度量系统，它是 Kubernetes 集群中最常用的系统，Prometheus 通过定期抓取它所监控的系统的数据来工作。这与实例自动缩容到零的情况相违背，它忽略了 Knative 的实例并不是一直运行永不退出的。在默认情况下，Prometheus 每 20s 收集一次指标。而修订版本实例可以在 60s 左右的时间内关闭，这意味着在实例消失之前我们无法从实例中获取更多的指标。

这么设计抓取规则的原因是避免中央度量系统负载过高。笔者个人的观点是，这其实是一个经济学。如果开发人员可以免费输出日志和指标，那么他们绝对会这样做。从笔者的角度来看，更好的解决方法是将日志记录和指标转化为阻塞操作。相反，轮询方式会产生很多问题。有问题的系统仍然有问题，但真正需要高频率监控的系统会受到影响。

对此有两种解决方案。一是提高抓取频率，二是安装配置 Prometheus pushgateway。笔者还没有确定用哪种方案。

9.3.3　追踪

当追踪（Trace）不能充分定位问题时，可以结合日志提供的相关信息来定位问题。日志通常是冗长的、非结构化的。指标展示的是聚合信息，而不是单个请求的信息。

追踪可以填补这两个角色的空白。任何可以放入日志或指标中的内容都可以放入追踪中，即可以获得强连续性的历史记录，还可以得出故障的时间点。

那么使用追踪有什么难点吗？难点是追踪需要与其他信息结合才能充分发挥作用。对于每一个追踪，我们都需要深入研究它们的用途及传递的方式。追踪是由请求参与者共建的。

默认情况下，Knative 为通过 Serving 传递的 HTTP 请求和围绕事件模块传递的 CloudEvent 生成追踪。追踪对于检查某个点的故障来说是很有用的，尤其是在交叉引用队列长度或并发性的指标时。

究竟什么是追踪呢?本质上它是一个树形结构，表示给定请求是如何在分布式系统中移动的。这棵树的根是"追踪"。移动的轨迹是跨度（span）。跨度可以包含其他跨度。例如，假设有一个 Web 服务器与数据库通信，那么你可能会看到一个具有两个跨度的追踪：一个代表 Web 服务器内的时间；另一个是它包含的一个跨度，代表向数据库发送查询，然后接收查询结果所花费的时间。

在图 9.7 中，笔者使用 Zipkin 工具查看访问实例服务器中/favicon.ico 的历史记录。请注意，Jaeger 是另外一种通用的替代方案。

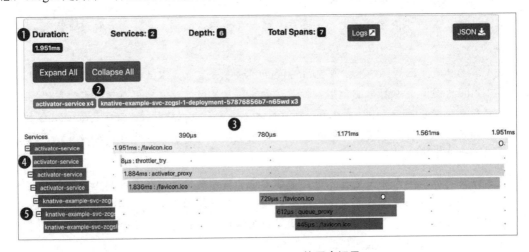

图 9.7 /favicon.ico 的历史记录

①在图 9.7 中，在顶部可以看到标题统计信息：整个追踪花费了多长时间、识别了多少服务、追踪达到的深度级别及总体上有多少跨度。多数时候，你可能对持续时间最感兴趣，但也要注意，深度有时也非常有用，或者说它的负面影响很大。

②在这里，Zipkin 展示了已识别的组件及追踪中出现的次数。例如，我们知道的触发器服务（activator-service）；它旁边的长名称包括有关服务（knative-example-svc）和修订版本（-zcgsl-1）的信息。

③时间线自动缩放到总追踪时间。

④前四个跨度都出现在触发器内部。这说明了一个重要的点：没有任何规定要求仅在跨越网络边界时创建跨度。可以在自己的代码中的任何地方创建跨度。

⑤因为 Knative Serving 有一个队列代理，可以看到请求的跨度为：首先请求被发送到修订版本，然后由队列代理接收，之后由应用进程处理。笔者没有在应用代码中向追踪添加任何内容，但是如果添加了，就会显示在该跨度的下方。

一切都很好，但笔者曾说过，追踪可以记录日志或指标的信息。但 Zipkin 不会在其顶级追踪视图中显示这些，不过可以单击任意跨度来查看详细信息视图（见图 9.8）。

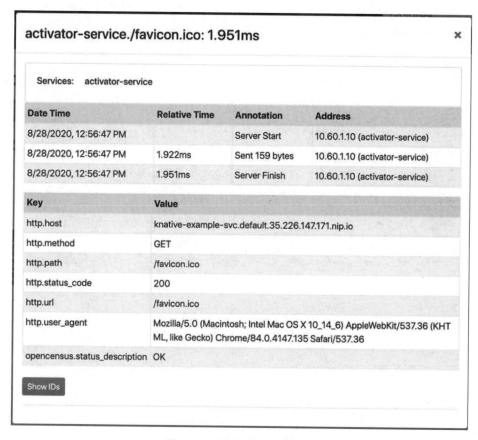

图 9.8　跨度的详细信息视图

在详细信息视图中，我们可以将任意数据附加到跨度中。例如，这里的组合可以看到跨度开始和结束的确切时间戳及它有多少字节。详细信息视图还附加了 HTTP 主机、路径和方法等信息。

对于服务模块，Knative 添加了相关的跨度，显示了 HTTP 请求的流程。对于事件，跨消息通道通信的跨度会被添加。默认情况下，你将获得附加的 CloudEvent ID、类型和事件源的属性。在调试系统时，事件流非常有用。

9.4　总结

- pack 和 Paketo 构建包都可以用来构建高效的镜像，而无须维护 Dockerfile。
- 你可以通过使用工具来编辑 YAML 并将其提交到存储库，以完成服务的自动化升级。
- 请务必始终在服务 YAML 中使用镜像摘要！自动化可使其变得更加容易。
- ytt 是一个简单而强大的工具，可用于安全地模板化 YAML。
- Knative 易于监控：它提供了丰富的日志、指标和追踪。但是，它不安装或管理用于收集日志、指标或追踪的基础设施，需要开发者自行安装或绑定到此类系统。
- 通过日志字段名称，我们可以将日志分为单个服务和服务调和器。
- 通过指标标签，我们可以以多种方式缩小指标范围：命名空间、服务名称和修订版本名称等。
- 服务指标涵盖 HTTP 请求—响应数据、自动缩放器数据和决策。
- 事件指标可以显示 CloudEvents 的时间和流程。
- 通过事件追踪可以显示通过系统的各个流的顺序、因果关系和详细信息。
- Knative 可以收集 HTTP 请求和 CloudEvent 流的基本追踪信息。

附录 A
安装 kubectl 和 kn

笔者在书中的一些地方使用了 `kubectl`，以便于我们查看 Knative 背后的原理。`kubectl` 在不同的操作系统上有不同的安装方式。笔者日常使用 MacOS，所以使用 `brew install kubectl` 来安装 `kubectl`。

在撰写本书时，安装 kn 稍显不便，你需要前往 GitHub 为 MacOS、Windows 或 Linux 下载编译的二进制文件，然后自行安装。

笔者的安装过程如清单 A.1 所示。

清单 A.1　安装 kn

```
$ pushd $HOME/Downloads          ◁──   这里笔者使用
                                        pushd 切换到
                                        下载目录。

$ curl \
    https://github.com/knative/client/releases/
➡  download/v0.17.0/kn-darwin-amd64 \        ◁──

    -- location          ◁──
```

这个链接会因为客户端版本及用户操作系统的不同而不同，但你始终可以打开 kn 发布页面来查找可用版本（查找 "资产（Assets）"）。

GitHub 下载包括 HTTP 重定向。--location 参数告诉 curl 我允许重定向。

```
  % Total    % Received % Xferd  Average Speed   Time    Time    Time  Current
                                 Dload  Upload   Total   Spent    Left  Speed
100   623 100   623    0     0   1300       0 --:--:-- --:--:-- --:--:--  1300
100 46.4M 100 46.4M    0     0   3883k      0  0:00:12  0:00:12 --:--:-- 4818k


$ install kn-darwin-amd64 /usr/local/bin/kn
```

install 命令是一个方便
的小实用程序。它既移
动文件又将其标记为
可执行文件。

```
$ kn version
Version:        v0.17.0
Build Date:     2020-08-26 11:08:52
Git Revision:   8fcd25c3
Supported APIs:
* Serving
  - serving.knative.dev/v1 (knative-serving v0.17.0)
* Eventing
  - sources.knative.dev/v1alpha2 (knative-eventing v0.17.0)
  - eventing.knative.dev/v1beta1 (knative-eventing v0.17.0)


$ popd
```

使用 popd 回到笔者
最初通过 pushd 进
来之前的目录。

附录 B
安装 Knative

本附录讨论的是安装 Knative 的一种方法，这当然不是唯一的方法。Knative 官网上的安装说明比笔者这里介绍的更加通用，涵盖了更多的替代选项。你可以自行选择安装方法。

在撰写本书的过程中，笔者使用了普通的 GKE（非基于 Knative 的 Cloud Run 产品）。这并非是对该产品的认可。在早期，Knative 并不适应在 Minikube 这样的本地环境中运行，而笔者恰好可以访问 GCP 上的公司账户。

其他人的报告可以使用 Minikube 和 KinD（"Kubernetes in Docker"）进行本地开发。如果你有强大的系统，那么使用 Minikube 或 KinD 将比使用 GKE 远程集群等方式更适合开发。这意味着你可以在断开连接的环境（例如笔记本电脑）中进行开发。

对于 KinD，在撰写本书时，笔者参考了来自 SpringOne 会议研讨会的这些综合说明。对于 Minikube，Carlos Santana 的 knative-minikube 对你会很有帮助，并且这些文档经常更新。

撰写本书的一个挑战是 Knative 更新得非常快。根据商定的发布策略，官方会每 6 周发布一次服务模块和事件模块，允许因为节假日做一些调整。在服务模块和事件模块发布一周后，kn 会跟进发布。在笔者准备开始撰写本书时，服务模块的版本是 v0.2.1。但当笔者写本书时，服务模块的版本是 v0.17.1。在这本书印刷时（英文版），服务模块的版本至少是 v0.20。

Knative 对 Kubernetes 的最低版本设置了要求。在撰写本书时，要求的最低版本是 v1.16，这并不是当前 Kubernetes 最新发布的版本，即 v1.19。如果你的云计算提供商仍然坚持线上 Kubernetes 的发行版本需要落后 Kubernetes 最新版本三个版本，请向他们提出强烈的诉求。

Knative 早期安装过程中最大的变化是 Istio 不再是一个强依赖。Knative 仍然倾向使用 Istio，但已经不是强依赖。这对于用于开发目的简化安装是有利的，因为 Istio 带有许多 Knative 不使用的功能。特别是，Knative 只需要某种入口网关的功能，而不需要网格功能，例如故障注入或自动重试。在最开始时，Istio 也需要很多资源，这就是笔者最初使用 GKE 而不是 Minikube 或 KinD 的原因。

你可能已经猜到了，笔者在撰写这本书时，已经从 Istio 切换到了另一个选项：Kourier。Kourier 是专为 Knative 开发的。除此之外，网关还有其他构建和测试的替代方案（Contour、Ambassador、Kong 和 Gloo）。笔者首先尝试了 Kourier，它很好地完成了工作，所以在权衡替代方案时就到此为止了。也就是说，Contour、Ambassador、Kong 和 Gloo 这些替代方案背后的人相当活跃且平易近人。如果你与其中之一已经存在关联，那么笔者建议继续使用他们的产品。当然，如果你的集群已经设置了 Istio，那么你应该继续使用 Istio。

在写作过程中，笔者一直使用 kapp 工具来安装、配置和更新 Kourier 和 Knative。笔者是 kapp 的忠实粉丝。首先，它避免了使用 Helm 2 时处理各种 CRD 的痛苦（笔者不知道 Helm v3 是否已经变得更加易用）。其次，笔者喜欢图形界面的使用模式。

清单 B.1 显示了笔者用来安装 Knative 各个发布版本的脚本。在这个脚本中，笔者依赖于这样一个前提，即 Kourier、Knative Serving 的每个版本都带有适合 Kubernetes 使用的 YAML。早期，笔者使用的是原始的 kubectl，但 kapp 总体上提供了更好的用户体验，因为它可以算出组件间理想的操作顺序，组件完全加载的等待时长，等等。

清单 B.1　install-knative.sh

```
#!/usr/bin/env bash

set -o nounset
set -o pipefail
set -o errexit

serving_version='v0.17.1'
eventing_version='v0.17.1'
kourier_version='v0.17.0'
app_name="knative-$serving_version"

# 部署
kapp deploy \
--app $app_name
```

在 Bash 脚本中，笔者一般都会设置这三个选项：如果脚本引用了一个没有值的变量，那么 nounset 会告诉 Bash 强制退出；在任何管道命令出现故障时，pipefail 都可以使脚本失败（这也是最容易出现隐藏 bug 的地方）。最重要的是，errexit 可以导致脚本快速失败，而不是一直运行到最后。

这里将服务模块、事件模块和网关模块的版本设置为变量。有时，这些版本是精确同步的，但并不总是如此，定义变量更加灵活。

kapp 的部分功能是将多个 Kubernetes 资源视为一个应用程序。也就是说，你在 kapp 部署期间提供的 YAML 将被视为单个应用程序的一部分。--app 参数告诉 kapp 你指的是哪个应用程序。

```
--yes \
```
← 这样设置可以跳过交互式步骤。这样的脚本都应该只使用--yes。但在 CLI 中，用户在应用配置前，需要检查 kapp 计算出的差异。

```
--file "https://github.com/knative/serving/releases/download
  ➥ /$serving_version/serving-crds.yaml" \              ⑤
--file "https://github.com/knative/serving/releases/download
  ➥ /$serving_version/serving-core.yaml" \
--file "https://github.com/knative/net-kourier/releases/download
  ➥ /$kourier_version/kourier.yaml" \
--file "https://github.com/knative/eventing/releases/download
  ➥ /$eventing_version/eventing.yaml"
```

各种 YAML 文件，这些可以直接从 GitHub 上获取。很明显，在生产环境中，用户不会这样做。但对笔者来说，这很方便。

```
# 更新域
kapp deploy \
--app $app_name \
--yes \
--patch \
```
← 在第二个 kapp 部署中，笔者使用了 --patch 选项，即告诉 kapp，它只是在修补现有部署，而不是完全覆盖它。

```
--file <(ytt --file code/domain-config-map.yaml
  ➥ --file code/values.yaml
  ➥ --data-value-yaml ip_address=(kubectl
  ➥ --namespace kourier-system
  ➥ get service kourier -o
  ➥ jsonpath='{.status.loadBalancer.ingress[0].ip}'
  ➥))  qi6
```

ytt 增加了 Kourier 工作需要的额外配置。

在上述清单中，你需要注意服务模块被分成了两个文件：`serving-crds.yaml` 和 `services-core.yaml`。这就是使用 `kubectl` 做事情的轻微后遗症，其中，YAML 的顺序可能会导致错误，从而需要多次执行配置 YAML。虽然这样奏效了，但不是特别优雅。这里的拆分可以提高一次配置成功的机会。

对于 `kapp`，我们不需要再拆分版本，因为它会计算应用程序安全的安装顺序。但笔者喜欢这种区别，所以保留了它。

下面我们更深入地研究一下 ytt/Kourier 问题。为了让 Knative 可以使用 Kourier 作为其入口网关控制器，我们需要做三件事。

第一，安装 Kourier，这是在清单 B.1 中所做的。

第二，告诉 Knative 使用 Kourier 作为入口网关控制器。

第三，告诉 Knative 接收流量的地址。

下面我们仔细研究一下 ytt 命令，可能会有所帮助，见清单 B.2。

清单 B.2　简化的 ytt 子 shell 命令

```
ytt \
--file values.yaml \         ← values.yaml 声明了变量地址。
--file domain-config-map.yaml \    ← 此处是用于渲染的模板名。
--data-value-yaml ip_address=$(kubectl --namespace kourier-system
  get service kourier -o
  jsonpath='{.status.loadBalancer.ingress[0].ip}') ←
```

Kourier 依赖的 IP 地址，然后我们设置了模板中使用的变量。这是 kubctl 带来的魔法。

在清单 B.2 中，-o jsonPath 参数是一种从 Kubernetes 资源中提取单个字段的方法，我们无须自己解析任何 YAML 或 JSON 文件。笔者唯一的抱怨是这种简洁的嵌入式迷你语言就像代码高尔夫球手使用避雷针击球。

清单 B.3 和清单 B.4 显示了 ytt 转换为真正 YAML 文件的内容。清单 B.3 比较简单，因此我们将重点介绍清单 B.4

清单 B.3　values.yaml

```
#@data/values
---
ip_address: '[ERROR! Kourier IP address not provided!]'
```

清单 B.4　domain–config–map.yaml

```
#@ load("@ytt:data", "data")
#@
#@ kourier_data = {
#@   data.values.ip_address + ".nip.io": "", "nip.io": "",   ← 此处使用了 nip.io 作为 DNS 解析服务。
#@   nip.io: ""    ← 顶层 nip.io 域名会被添加到列表中，作为 DNS 配置的一部分。
#@ }
---
```

```
apiVersion: v1
kind: ConfigMap
metadata:
  name: config-domain
  namespace: knative-serving
data: #@ kourier_data
---
apiVersion: v1
kind: ConfigMap
metadata:
  name: config-network
  namespace: knative-serving
data:
  ingress.class: kourier.ingress.networking.knative.dev
```

这里是我们插入数据结构
的地方。在生产环境的配置
中，你可以在这里配置多个
域名。

在 knative-serving/config-network 上设置一个 ingress.class
的标签，Knative 服务模块会将这里解释为"使用 Kourier 作为
入口网关，谢谢"。

在清单 B.4 中，我们使用 nip.io 执行了一些 DNS 解析。这是一项反映你提交的域名后端 IP 地址的服务。例如，如果我们对 198.51.100.123.nip.io 进行 DNS 解析，则 DNS 返回的解析 IP 地址为 198.51.100.123。你可以基于此将流量发送到尚未配置的域名的终端。但你不应该依赖这种方式做愚蠢的事情，比如在生产中使用这种方式。

我们使用的 IP 地址是在命令行中注入的。这就是清单 B.2 神奇的地方：查找 Kourier 的 IP 地址。

反侵权盗版声明

电子工业出版社依法对本作品享有专有出版权。任何未经权利人书面许可，复制、销售或通过信息网络传播本作品的行为；歪曲、篡改、剽窃本作品的行为，均违反《中华人民共和国著作权法》，其行为人应承担相应的民事责任和行政责任，构成犯罪的，将被依法追究刑事责任。

为了维护市场秩序，保护权利人的合法权益，我社将依法查处和打击侵权盗版的单位和个人。欢迎社会各界人士积极举报侵权盗版行为，本社将奖励举报有功人员，并保证举报人的信息不被泄露。

举报电话：（010）88254396；（010）88258888

传　　真：（010）88254397

E-mail：　dbqq@phei.com.cn

通信地址：北京市万寿路 173 信箱

　　　　　电子工业出版社总编办公室

邮　　编：100036